新型纺织服装材料与技术丛书

生物质纳米纤维

卢麒麟　黄　彪　编著

中国纺织出版社有限公司

内 容 提 要

本书全面系统介绍生物质纳米纤维的设计研发、功能应用中的理论问题、技术问题和前瞻性问题，涉及典型生物质纳米纤维和功能纳米复合纤维的设计、改性和应用的途径及方法。本书注意吸收近几年国内外的研究成果，介绍了纤维素纳米纤维、荧光纳米纤维、刺激响应性纳米复合凝胶纤维、纳米杂化纤维等，结合实例探讨了生物质纳米纤维的研发和应用，并对生物质纳米纤维材料的创新发展进行了展望。

本书可作为纺织院校纺织工程、非织造材料与工程、纺织材料、林产化工、轻化工程、高分子材料等专业的课程教材，也可供其他相关专业师生、纺织企业和科研院所的工程技术人员参阅。

图书在版编目（CIP）数据

生物质纳米纤维 / 卢麒麟，黄彪编著 . -- 北京：中国纺织出版社有限公司，2023.8

（新型纺织服装材料与技术丛书）

ISBN 978-7-5229-0615-7

Ⅰ.①生… Ⅱ.①卢…②黄… Ⅲ.①生物质—纳米材料—纤维素—研究 Ⅳ.① TB383

中国国家版本馆 CIP 数据核字（2023）第 097566 号

责任编辑：苗 苗 魏 萌 责任校对：高 涵
责任印制：王艳丽

中国纺织出版社有限公司出版发行
地址：北京市朝阳区百子湾东里 A407 号楼 邮政编码：100124
销售电话：010—67004422 传真：010—87155801
http://www.c-textilep.com
中国纺织出版社天猫旗舰店
官方微博 http://weibo.com/2119887771
三河市宏盛印务有限公司印刷 各地新华书店经销
2023 年 8 月第 1 版第 1 次印刷
开本：787×1092 1/16 印张：10 插页：4
字数：185 千字 定价：78.00 元

      "碳达峰""碳中和"发展战略以及节能减排、低碳发展的背景下，以生物质纳米纤维为代表的新型绿色纺织材料的开发和应用显得尤为重要。生物质纳米纤维的研发有助于打破制约传统纺织产业发展的新型纤维材料开发瓶颈，加速纺织产业转型升级和技术创新，促进传统纺织产业绿色低碳发展。生物质纳米纤维是源自生物质的纳米纤维，作为一种可再生、可降解、低成本的天然高分子材料，具有天然丰度高、生物相容性好、比表面积大、机械强度高、弹性模量高、热膨胀系数低、透明性好等特点，属于新型绿色纺织材料，在智能纤维、生物医用纺织品、功能纺织品、复合纤维、可穿戴织物、高性能纤维的开发中具有广阔的应用前景。因此，大力发展绿色低碳的生物质纳米纤维，逐步提高生物质纤维在纺织产业中的应用比重，不仅符合纺织产业绿色创新发展的理念，而且有利于促进功能纤维乃至智能纺织品的开发。

      生物质纳米纤维与生物质纤维原材料相比，其比表面积增大至百倍以上，其强度与芳族聚酰胺纤维相当，热膨胀性能与石英琉璃等同，将其与高分子聚合物复合可增强合成纤维的强度。例如，纳米纤维素由于其超精细结构、高杨氏模量、特异的光电性能，广泛应用于可穿戴织物、生物防护用品、智能传感纤维等领域；壳聚糖纳米纤维具有卓越的生物相容性，其在医用纺织品、抗菌纤维、伤口敷料、保健纺织品等领域应用广泛。目前对生物质纳米纤维的制备、改性、设计应用方面的阐述较为全面的著作凤毛麟角，鉴于此，本书系统介绍了各类生物质纳米纤维的制备、功能修饰，以及在功能复合纤维领域的应用，以推动生物质纳米纤维的绿色、低碳、高效应用和发展，促进传统纺织纤维向功能化、集成化、低碳化、智能化发展。

      本书综合了作者课题组近年来有关生物质纳米纤维的制备、功能修饰、应用等方面的研究成果，包括纳米纤维素的功能应用，自愈合凝胶

1

纤维的开发，有机—无机纳米杂化纤维的构建，荧光纳米纤维的合成等。本书共分为六章内容，第一章为纺织领域中的纳米纤维素，全面综述了纳米纤维素在纺织领域的应用现状、应用进展和发展趋势；第二章为纳米纤维增强绿色复合材料，研究了纳米纤维素对环氧树脂、纸张等基材的增强作用，制备了纳米纤维素增强绿色复合材料；第三章为生物相容性自愈合凝胶纤维，分别阐述了明胶/纳米纤维素、壳聚糖自愈合凝胶的制备方法和性能分析；第四章为荧光纳米复合纤维，重点阐述了基于生物质碳点的生物质荧光纳米复合纤维的制备方法；第五章为高强度、pH敏感复合水凝胶纤维，揭示了明胶/纤维素超分子水凝胶纤维的构筑机理；第六章为功能有机—无机纳米杂化纤维，构建了以生物质纳米纤维调控的有机—无机纳米杂化纤维并探索了其功能应用。本书具有较高的学术价值，为生物质纳米纤维的制备、改性和应用提供了科学依据，为其在纺织领域的高附加值应用提供了理论基础。本书可作为纺织院校纺织工程、轻化工程、林产化工、高分子材料等专业的课程教材，也可供其他相关专业师生、纺织企业和科研院所的工程技术人员参阅。

本书由闽江学院卢麒麟副教授、福建农林大学黄彪教授负责统稿，闽江学院李永贵教授负责主审。团队成员王汉琛、吴嘉茵为书稿的编辑整理、图表绘制等工作提供了支持，确保了本书的顺利出版；课题组成员欧文、汪雪琴、王梓为本书提供了丰富的素材。本书的研究工作得到了福建省科技创新重点项目（2021G02011）、福建省自然科学基金项目（2021J011034）、福州市科技计划项目（2021-S-089）、闽江学院引进人才科研项目（MJY18010）、国家留学基金、闽江学院青年人才优培计划的资助，特表殷切谢意。

笔者在编写本书的过程中始终保持着认真严谨的态度，但由于水平有限，不足之处在所难免，恳请广大读者和同行批评指正。

卢麒麟

2023年5月于福州

目录
Contents

第一章

纺织领域中的纳米纤维素

纳米纤维素（nanocellulose）是天然纤维素经过一定的物理、化学或生物法处理后得到的一维尺寸为纳米级的新型天然高分子材料[1]。纳米纤维素的纤维直径在100nm以内，长度为几百纳米至几微米，一般由细长的纳米或微米纤丝相互交织、缠绕组成无规则的网状结构。与天然纤维素相比，纳米纤维素不仅具有纤维素的基本结构和性能，还具有区别于天然纤维素的纳米颗粒的特性。第一，它具有非常高的强度（7500MPa）和杨氏模量（140GPa）。第二，它的化学反应活性比纤维状的纤维素大得多，可用于纤维素的化学改性；因其水悬浮液呈稳定的胶状液，故可作为药物赋形剂；纳米纤维素胶能耐高温和低温，具有乳化和增稠的作用，可作为食品添加剂[2]。第三，它具有巨大的比表面积（150~250m²/g），其尺寸效应和量子隧道效应引起的化学、物理性质方面的变化会明显改变材料的光、电、磁等性能，可在一定程度上优化纤维素的性能，使其在纺织领域具有更广阔的应用前景[3, 4]。

纳米纤维素材料的三种主要形式分别是：纤维素纳米纤维（cellulose nanofibrils，CNF），纤维素纳米晶体（cellulose nanocrystalline，CNC）及细菌纳米纤维素（bacterial nanocellulose，BNC）[5]。三种形式的纳米纤维素化学组成相同，都具有纳米纤维素独特的品质，包括生物降解性、可调的表面化学性质、屏障性能、无毒性、高机械强度、结晶度和高长径比。CNC有时被称为高强度纳米纤维素，它的形状像一根短杆或一根晶须，直径为2~20nm，长度为100~500nm，具有54%~88%的高结晶度[6]。CNF，也被称为微纤维化纤维素（microfibrillated cellulose，MFC），其尺寸长度为500~2000nm，直径为1~100nm，由于保留了一定的无定形区，故其柔韧性得到了保证[7,8]。BNC是由细菌形成的，主要是木醋酸杆菌，形成过程需要几天到两周，长度为100~1000nm，直径为20~1000nm[9, 10]。

纳米纤维素可以从各种植物资源中提取，常用的如微晶纤维素（microcrystalline cellulose，MCC）、木浆、棉花、麻类、细菌纤维素及农作物废弃物等。将木质纤维素生物质中的纤维素通过机械法、化学法或酶法分解成纳米尺寸，即可得到纳米纤维素[11-13]。由不同原料、不同方法制备的纳米纤维素通常在形态、大小、尺寸上存在较大的差异。各种纤维素原料制备的纳米纤维素的形貌及尺寸差异情况如表1-1所示。

表 1-1　各种纤维素原料制备的纳米纤维素尺寸

纤维素原料	长度 L/nm	直径 D/nm	长径比 L/d	形貌	参考文献
MCC	10~500	10	50	棒状	Pranger and Tannenbaum (2008)[14]
木浆	100~300	3~5	20~100	棒状	Beck–Candanedo et al. (2005)[15]
棉花	100~150	5~10	10~30	棒状	Araki et al. (2001)[16]
细菌纤维素	100~1000	10~50	2~100	微纤丝	
苎麻	50~150	5~10	5~30	棒状	Junior de Menezes et al. (2009)[17]
剑麻	100~500	3~5	20~167	棒状	De Rodriguez et al. (2006)[18]
被囊类动物	1160	16	73	棒状	De Souza Lima et al. (2003)[19]
蔗渣	10~20	10~20	1	球形	Li et al. (2012)[20]
葡萄皮	10~100	10~100	1	球形	Lu and Hsieh (2012)[21]
麦秸	1000~2500	10~80	13~250	微纤丝	Alemdar and Sain (2008)[22]

　　基于纳米纤维素表面多羟基的特性，可对其表面进行化学修饰使其获得特定的性能，包括防火耐热、耐微生物、耐酸、耐磨损，以及提高纤维素的湿强度、对染料的吸收性和黏附力等。纳米纤维素的纳米级尺寸具有高比表面积，确保了纳米纤维素表面上大量的羟基，可用于纳米纤维素表面的化学改性[23]，如酯化[24]、乙酰化[25]、烷基化[26]、酰胺化[27]、聚合物接枝[28]，引入各种官能团赋予其不同的功能特性。对纳米纤维素表面改性还能通过离子键、π–π键相互作用，以及氢键结合作用等非共价键作用，使纤维素表面吸附一些带有相反电荷的表面活性剂或一些聚电解质涂层，从而使分散体系稳定。纳米纤维素的化学改性大体可分为三类：①在纳米纤维素上接枝的单体分子发生自由基聚合，②通过偶联剂将分子接枝到纳米纤维素上，③用小分子代替羟基[29]。纳米纤维素各种修饰方法如图 1-1 所示。此外，影响化学改性的因素有葡萄糖单元上 C2、C3、C6 上游离羟基的反应活性，以及化学试剂接近羟基的难易程度。采用合适的溶剂对纤维素进行润胀、溶解能提高纤维素羟基反应的可及度。

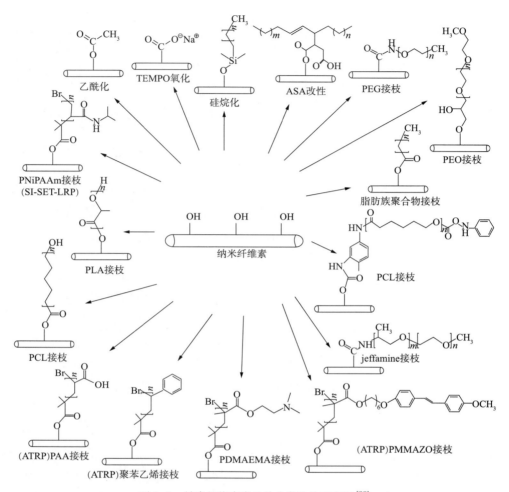

图 1-1　纳米纤维素常见的化学改性示意图[23]

TEMPO—2,2,6,6-四甲基哌啶-1-氧自由基；ASA—烯基琥珀酸；PEG—聚丙二醇；PEO—聚环氧乙烷；PCL—聚己内酯；
ATRP—原子转移自由基聚合；PMMAZO—6-(4-甲氧基-偶氮苯-4′-氧基)甲基丙烯酸乙酯；
PDMAEMA—聚甲基丙烯酸二甲氨基乙酯；PAA—聚丙烯酸；PLA—聚乳酸；PNIPAAm—聚 N-异丙基丙烯酰胺

第二节　　纳米纤维素在纺织材料中的应用

　　纳米纤维素原材料来源广泛，绿色环保，和其他纳米材料相比，还具有可生物降解、可再生、生物相容性好等特点，在可降解材料方面为人们提供了更多的选择。同时，纳米纤维素以其优异的力学性能与机械性能应用于纺织材料中，可在保证这些纺织材料原本性能的情况下，增强其力学与机械性能。

一、整理剂

纺织品织造结束后对其进行后整理，赋予其功能性，提高附加值，其中用得最多的便是整理剂。纳米纤维素用作织物整理剂已有较多的研究，由于其本身的力学性能较好，在整理过程中可以改善织物的力学性能，而且对纳米纤维素进行改性后再进行整理，可赋予功能性。与其他在生产过程中会产生有害物质的整理剂相比，纳米纤维素本身的可降解性也使其备受关注。

水性聚氨酯（WPU）涂层剂可以使织物具有良好的手感、柔韧性、黏合度等，但由于其物理性能不如溶剂型聚氨酯，刘蓉蓉等发现可以使用纳米纤维素作为增强剂填充入WPU中，制备出性能优异的涂层整理剂，从而提高产品的物理性能。YANG等[30]将壳聚糖与纳米纤维素共同对棉织物进行改性，通过浸—烘—焙的方法将该复合材料涂覆于棉织物上。随着纳米纤维素粒径的增大，棉织物力学性能先增强后减弱，并且提高了棉织物的抗紫外线功能和耐洗性能，使纳米纤维素成为棉织物抗紫外线整理剂的一种候选产品。YAO等[31]通过可逆加成—断裂链转移聚合（RAFT）将丙烯酸与丙烯酸六氟丁酯反应物接枝在纳米纤维素表面，再将改性后的纳米纤维素用作宏观RAFT剂，合成了核壳型NCC改性含氟聚丙烯酸酯无表面活性剂乳液，这种乳液可以用作纺织品的拒水整理剂，提高了织物的拒水拒油性。

二、生物传感器材料

目前，具有高灵敏度特性的柔性可穿戴设备在研发的过程中只关注于其灵敏度与机械性能，忽略了其穿戴舒适性与透气性。OUYANG等[32]在一种新型的传感器制备过程中利用纳米纤维素与聚吡咯（PPy）所形成的导电单元，再以蚕丝—聚氨酯混纺纱为支撑材料，制备了导电丝—聚氨酯混纺纱/纤维素纳米晶—聚吡咯传感器（SCP20）。该传感器在一定温度及全范围pH下都有显著的响应，为后续设计具有高灵敏度、较高的机械性能和动态耐久性的可穿戴传感器提供了思路。图1–2为该柔性传感器设计示意图。

三、织物复合膜

纳米纤维素本身具有一定的成膜性与高透明性，将其与一些聚合物、乳液等混合，通过一些基本的成膜方式，如过滤、浇铸、浸渍及静电纺丝法[33]等，制得薄膜，增强了薄膜的力学性能、机械性能，并赋予其一定的功能性[34, 35]。目前对于纳米纤维素在织物复合膜中的应用研究中，以其与其他高聚物混合制得纺丝液，再通过静电纺丝的方法制备成膜的研究居多。

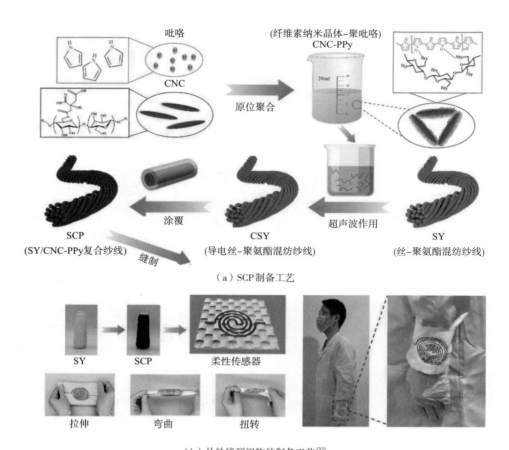

（a）SCP制备工艺

（b）从纱线到织物的制备工艺[32]

图1-2　柔性传感器设计示意图

（一）增强力学性能

聚乙烯醇（PVA）极性与纳米纤维素接近，界面相容性好，使二者具有复合的可能。胡月等[36]将纳米纤维素与PVA制成复合膜，发现纳米纤维素的加入对PVA起到了增补效应，使其力学性能得到提升，并且对其本身的性质未产生影响。

聚乳酸（PLA）本身具有一定的生物降解性及生物相容性。但是，其结晶性差，会表现出高脆性及低热变形的问题。曹杏[37]通过浇铸成膜法将纳米纤维素与PLA复合成膜，在基本没有影响复合膜透光率及雾度值的情况下，改善了复合膜的力学性能。

（二）赋予抗菌性能

一般的纳米纤维素不具有抗菌性，限制了其在有抗菌要求的产品上的应用。但是，从某些具有抗菌效果的植物中提取的纳米纤维素，本身具有一定的抗菌性。而没有抗菌性的纳米纤维素可以通过将抗菌剂与其进行复合，制备成膜后的膜材料在基材特性不变的前提下获得纳米纤维素的特性及抗菌性[38, 39]。

王璐[40]以PLA为基底，与从具有抗菌性的罗布麻中提取的纳米纤维素通过静电纺丝的方式制备静电纺膜，不仅改善了膜的润湿性、渗透性，而且使之获得了一定的抗菌性能。传统的有机抗菌剂稳定性差，抑菌作用的时效短；天然抗菌剂应用范围窄，目前主要使用的还是无机抗菌剂，如银系、光催化（ZnO、TiO_2）型抗菌剂，也有多组分相结合的制备抗菌复合材料的方法。

在医用防护服、口罩等纺织相关产品中，抗菌是必不可少的一个性能，但是这些产品往往都是一次性用品，所以它们的回收也是一个问题。利用纳米纤维素的可降解性，可为制备可回收医用防护用品提供新思路。

（三）提高耐磨、耐久、稳定性能

可穿戴电子和智能纺织品在飞速发展，其中有一种无声、可持续发电的柔性可穿戴热电（TE）器件的需求在迅速增加。KLOCHKO等[41]用具有生物相容性的半导体碘化铜（CuI）与纳米纤维素制备该器件，通过廉价易得、可扩展的低温水相制备技术（SILAR）制备得到CuI薄膜，不仅没有破坏CuI本身的性能，而且提高了这种TE纺织品制备的可穿戴热电模块的耐久性和耐磨性。

海藻酸钠本身是一种有良好成膜性的水溶性高分子物质，由于其本身含有大量的羟基，使其亲水性较强，导致海藻酸钠膜的力学性能和阻隔能力差。董峰等[42]将纳米纤维素添加入海藻酸钠悬浊液中，通过培养皿制备得到海藻酸钠—纳米纤维素共混膜，使其获得了较为优异的力学性能和阻隔能力，并且在加入纳米纤维素后，膜的热稳定性得到了提高。

（四）用于膜材料基底

传统的电磁屏蔽材料存在密度高、柔性低、难加工等特点，在柔性可穿戴织物中的应用被限制，而且目前所用较多的聚合物基电磁屏蔽材料来源于矿物资源，属于不可再生资源，会造成一定的环境污染。使用可生物降解的细菌纤维素（BC）作为电磁屏蔽材料的高强基底，其本身虽然不具有导电性与磁性，但是可以通过引入导电高分子或纳米粒子增强其与电/磁场的相互作用，提高电磁屏蔽的性能[43]。李桢等[44]将BC、Fe_3O_4、银纳米线（AgNWs）通过原位共沉淀法及两步真空辅助抽滤法，制备出具有层级结构的BC@Fe_3O_4/AgNWs复合薄膜，不仅工艺简单，而且所获得的膜材料电磁屏蔽效果较好，为柔性电磁屏蔽材料的制备提供了新思路。

四、凝胶材料

凝胶是指以气体、液体为介质，将其填充在具有三维网格结构的高分子中而形成的物质，由于一般介质是液体，可以将凝胶看作高分子三维网格包含液体的膨润体。根据介质的不同又可分为气凝胶、水凝胶和有机凝胶。凝胶以其诸多优异的性能被应用于纺织品的开发[45]。

（一）水凝胶

水凝胶能够膨胀和保留水分但不溶于水，还具有优异的吸水、保水性等[46, 47]。但是水凝胶较为柔软、力学性能差，通过接枝的方式将其与纺织品进行结合，在织物或纤维的表面形成凝胶层，不仅改善了凝胶材料力学性能，还可以使纺织品获得其吸湿、保温、保水、环境响应等性能[48]。将纳米纤维素与高分子聚合物通过物理或化学两种方式交联作用，制得水凝胶，能够使水凝胶基团和交联的网格密度增加，使其生物降解及力学性能得以改善[49]。Smriti 等[50]将天然靛蓝颗粒、纳米纤维素水凝胶及少量的分散剂形成的混合物沉积在织物表面，再通过壳聚糖水溶液对织物进行涂层整理，最终获得一种牛仔布靛蓝染色的新方法。这种方法利用了纳米纤维素高比表面积的特性，减少了染料的用量，染色过程中的耗水量也减少二十多倍，并且该染色过程无须任何还原剂或碱液，固色率可达到90%以上，比传统的染料染色固色率要高。

（二）气凝胶

气凝胶是一种纳米级的多孔材料，也是公认的密度最低的固体，具有低密度、高空隙率、高比表面积、大孔体积等特性，使其在隔热、气体吸附分离、水处理等方面有良好的应用性能[51]。国际上使用气凝胶对纺织产品改性的供应商主要有阿斯彭（Aspen）Aerogels 和 Cabot Corp. 等公司，以气凝胶毯及其组合材料的形式出售，这些材料具有较好的柔性及可弯性，将其与服装的特定位置结合，能起到隔热保温作用。但是气凝胶本身存在较大的脆性、容易粉末化、弯折难复原等问题，在纺织服装的应用中也由于力学性能差无法满足工业要求[52, 53]。王世贤等[54]通过对纳米纤维素进行一定的改性后，经过真空冷冻干燥后用于制备气凝胶，不仅保留了原有的性能，而且使其获得了低柔韧性、低力学强度的特点，为其应用于纺织服装提供了新思路。

五、上浆浆料

上浆浆料主要用于提高纱线在织造过程中的强力，减少毛羽与断头，其配方的研发趋向于绿色环保，而纳米纤维素这种可降解的材料也开始应用于浆料配方中。

聚酰胺56（PA56）纤维因其本身具有较好的吸湿、染色性，被应用于服用领域[55]。孙燕琳等[56]将纳米纤维素与改性淀粉混合，制得混合浆液，将其用于 PA56 纤维的上浆过程。发现添加纳米纤维素的混合浆料不仅减少了纱线的毛羽、缠结，提高了浆液在其表面的成膜性能，并且使其断裂强度及断裂伸长率等力学性能获得一定的提高。

纳米纤维素的加入不仅满足上浆浆料增强纱线力学性能的要求，同时减少了其他有害助剂的使用，只是目前含纳米纤维素的浆料研究较少，有待进行更深入的研究与开发。

六、印花墨水

数码喷墨印花需通过喷头使印花墨水与织物结合，具有高效、精准、效果好、不产生印花废浆等特点。墨水是数码印花中最为关键的部分，也是影响印花质量的因素之一[57]。

沈静等[58]以活性染料为主体，纳米纤维素用作分散剂制得印花墨水，发现纳米纤维素的加入对印花墨水的黏度与电导率有重要影响，并且与其他商用墨水相比，其上色率、印花效果均有明显提升。而且纳米纤维素的生物相容性对纺织品无毒无害，也使印花过程中的污水排放及能源消耗降低，实现了节能减排、绿色环保。

将纳米纤维素作为分散剂用于印花墨水是一种较为新颖的方式，与上浆浆料的情况类似，目前研究较少，有待进行更多的研究。

第三节　复合纺织材料的表征分析方法

经纳米纤维素增强后的材料在微观形貌、物相组成、力学性能和热性能等材料特征方面都已发生了改变。为更准确地评估纳米纤维素对复合材料的增强效果，需要用科学的表征方法对复合材料进行评估分析。

微观形貌表征：对复合纺织材料的微观形貌常用扫描电子显微镜（SEM）进行观察，扫描电子显微镜是一种介于透射电子显微镜(TEM)和光学显微镜之间的一种观察手段，可观察数纳米到毫米范围内的形貌；分辨率一般为6nm；场发射率理论上可达到0.5nm量级；通过SEM能观察到纳米纤维素加入对纺织材料微观形貌的影响[59]。

物相组成表征：对复合材料物相组成的表征方法多样[60-62]：X射线衍射（XRD）可以确定复合材料各种晶态组分的结构和含量；紫外—可见吸收光谱法（UV-vis）能够分析复合材料的成分、结构和物质间相互作用；傅里叶变换红外吸收光谱法（FTIR）主要用来检测复合材料的有机官能团，可检验离子成键、配位等化学情况及变化；拉曼光谱（Raman）可对复合材料进行分子结构分析、理化特性分析和定性鉴定等。以上表征方法侧重点各不相同，实际应用时需相互结合印证使用。

力学性能表征：根据复合纺织材料实际应用环境对其进行力学表征，常用的测试方法有拉伸实验、压缩试验、剪切试验、硬度实验、冲击实验、磨损实验[63]。此外，某些在特殊环境下应用的纺织材料还需在相应的测试环境中进行力学性能表征，如极端温度环境、易腐蚀环境、动荷载环境等[64]。

热性能表征：对复合纺织材料的热稳定性主要采用热重分析法（TGA）和差示扫描量热法（DSC）两种表征方法。热重分析法是在程序控温条件下，测量待测样品的质量与温度变化关系的一种热分析技术，可以用来研究材料的热稳定性[65]。差示扫描量热法能够通过测定复合材料热力学性质的变化来表征物理或化学变化过程[66]。

此外，功能化的纳米纤维素还能赋予复合材料以独特性能，如抗菌性、自愈合性、荧光性、智能响应性等。对复合纺织材料所具有的独特性能进行评估时应根据具体指标建立评估方法[67]。这些分析技术和方法对于研究纳米纤维素在纺织领域中的应用具有重要的意义。

参考文献

[1] 黄彪，卢麒麟，唐丽荣. 纳米纤维素的制备及应用研究进展[J]. 林业工程学报，2016，1(5)：1-9.

[2] 杨淑蕙. 植物纤维化学[M]. 3版. 北京：中国轻工业出版社，2001.

[3] SIRÓ I, PLACKETT D. Microfibrillated cellulose and new nanocomposite materials: a review[J]. Cellulose, 2010, 17(3): 459-494.

[4] YE D, HUANG H, FU H, et al. Advances in cellulose chemistry [J]. Journal of Chemical Industry & Engineering, 2006, 57(8): 1782-1791.

[5] KLEMM D, KRAMER F, MORITZ S, et al. Nanocelluloses: a new family of nature-based materials[J]. Angewandte Chemie International Edition, 2011, 50(24): 5438-5466.

[6] DUFRESNE A. Nanocellulose: potential reinforcement in composites[J]. Natural Polymers, 2012(2): 1-32.

[7] ABITBOL T, RIVKIN A, CAO Y, et al. Nanocellulose, a tiny fiber with huge applications[J]. Current Opinion in Biotechnology, 2016(39): 76-88.

[8] NECHYPORCHUK O, BELGACEM M N, BRAS J. Production of cellulose nanofibrils: a review of recent advances[J]. Industrial Crops and Products, 2016(93): 2-25.

[9] JOZALA A F, DE LENCASTRE-NOVAES L C, LOPES A M, et al. Bacterial nanocellulose production and application: a 10-year overview[J]. Applied Microbiology and Biotechnology, 2016(100): 2063-2072.

[10] MANAN S, ULLAH M W, UL-ISLAM M, et al. Bacterial cellulose: molecular regulation of biosynthesis, supramolecular assembly, and tailored structural and functional properties[J]. Progress in Materials Science, 2022(129): 100972.

[11] LEE H V, HAMID S B A, ZAIN S K. Conversion of lignocellulosic biomass to nanocellulose: structure

and chemical process[J]. The Scientific World Journal, 2014: 631013.

[12] CHEN Y, WU Q, HUANG B, et al. Isolation and characteristics of cellulose and nanocellulose from lotus leaf stalk agro-wastes[J]. BioResources, 2015, 10(1): 684–696.

[13] CHEN Y, XU W, LIU W, et al. Responsiveness, swelling, and mechanical properties of PNIPA nanocomposite hydrogels reinforced by nanocellulose[J]. Journal of Materials Research, 2015, 30(11): 1797–1807.

[14] PRANGER L, TANNENBAUM R. Biobased nanocomposites prepared by in situ polymerization of furfuryl alcohol with cellulose whiskers or montmorillonite clay[J]. Macromolecules, 2008, 41(22): 8682–8687.

[15] BECK-CANDANEDO S, ROMAN M, GRAY D G. Effect of reaction conditions on the properties and behavior of wood cellulose nanocrystal suspensions[J]. Biomacromolecules, 2005, 6(2): 1048–1054.

[16] ARAKI J, WADA M, KUGA S. Steric stabilization of a cellulose microcrystal suspension by poly (ethylene glycol) grafting[J]. Langmuir, 2001, 17(1): 21–27.

[17] DE MENEZES A J, SIQUEIRA G, CURVELO A A S, et al. Extrusion and characterization of functionalized cellulose whiskers reinforced polyethylene nanocomposites[J]. Polymer, 2009, 50(19): 4552–4563.

[18] GARCIA DE RODRIGUEZ N L, THIELEMANS W, DUFRESNE A. Sisal cellulose whiskers reinforced polyvinyl acetate nanocomposites[J]. Cellulose, 2006, 13(3): 261–270.

[19] DE SOUZA LIMA M M, BORSALI R. Rodlike cellulose microcrystals: structure, properties, and applications[J]. Macromolecular Rapid Communications, 2004, 25(7): 771–787.

[20] LI J, WEI X, WANG Q, et al. Homogeneous isolation of nanocellulose from sugarcane bagasse by high pressure homogenization[J]. Carbohydrate Polymers, 2012, 90(4): 1609–1613.

[21] LU P, HSIEH Y L. Cellulose isolation and core-shell nanostructures of cellulose nanocrystals from chardonnay grape skins[J]. Carbohydrate Polymers, 2012, 87(4): 2546–2553.

[22] ALEMDAR A, SAIN M. Isolation and characterization of nanofibers from agricultural residues-wheat straw and soy hulls[J]. Bioresource Technology, 2008, 99(6): 1664–1671.

[23] LIN N, HUANG J, DUFRESNE A. Preparation, properties and applications of polysaccharide nanocrystals in advanced functional nanomaterials: a review[J]. Nanoscale, 2012, 4(11): 3274–3294.

[24] RODIONOVA G, LENES M, ERIKSEN Ø, et al. Surface chemical modification of microfibrillated cellulose: improvement of barrier properties for packaging applications[J]. Cellulose, 2011, 18(1): 127–134.

[25] LU J, ASKELAND P, DRZAL L T. Surface modification of microfibrillated cellulose for epoxy composite applications[J]. Polymer, 2008, 49(5): 1285–1296.

[26] SAITO T, HIROTA M, TAMURA N, et al. Individualization of nano-sized plant cellulose fibrils by direct surface carboxylation using TEMPO catalyst under neutral conditions[J]. Biomacromolecules,

2009, 10(7): 1992–1996.

[27] BARAZZOUK S, DANEAULT C. Tryptophan-based peptides grafted onto oxidized nanocellulose[J]. Cellulose, 2012, 19(2): 481–493.

[28] GOFFIN A L, RAQUEZ J M, DUQUESNE E, et al. Poly (ε-caprolactone) based nanocomposites reinforced by surface-grafted cellulose nanowhiskers via extrusion processing: morphology, rheology, and thermo-mechanical properties[J]. Polymer, 2011, 52(7): 1532–1538.

[29] DUFRESNE A. Nanocellulose: a new ageless bionanomaterial[J]. Materials Today, 2013, 16(6): 220–227.

[30] YANG X, WANG Z Y, ZHANG Y S, et al. A biocompatible and sustainable anti-ultraviolet functionalization of cotton fabric with nanocellulose and chitosan nanocomposites[J]. Fibers and Polymers, 2020(21): 2521–2529.

[31] YAO H T, ZHOU J H, LI H, et al. Nanocrystalline cellulose/fluorinated polyacrylate latex via RAFT-mediated surfactant-free emulsion polymerization and its application as waterborne textile finishing agent [J]. Journal of Polymer Science Part A:Polymer Chemistry, 2019, 57(12): 1305–1314.

[32] OUYANG Z F, XU D W, YU H Y, et al. Novel ultrasonic-coating technology to design robust, highly sensitive and wearable textile sensors with conductive nanocelluloses[J]. Chemical Engineering Journal, 2022(428): 131289.

[33] 杨恩龙, 王善元, 李妮, 等. 静电纺丝技术及其研究进展[J]. 产业用纺织品, 2007(8)：7–10, 14.

[34] 戴磊, 龙柱. 纳米纤维素增强聚乙烯醇/水性聚氨酯静电纺膜的研究[J]. 功能材料, 2015, 46(3)：3110–3114.

[35] 洪铮铮, 田秀枝, 蒋学, 等. 二醛纳米纤维素交联聚乙烯醇膜的制备及性能[J]. 材料科学与工程学报, 2019, 37(4)：578–582.

[36] 胡月. 纳米纤维素/聚乙烯醇复合材料的研究[D]. 南京：南京林业大学, 2012.

[37] 曹杏. 不同长径比纳米纤维素的制备及其对PLLA/PDLA复合膜性能的影响[D]. 武汉：武汉纺织大学, 2020.

[38] VATANSEVER E, ARSLAN D, NOFAR M. Polylactide cellulose-based nanocomposites[J]. International Journal of Biological Macromolecules, 2019(137): 912–938.

[39] NAZRIN A, SAPUAN S M, ZUHRI M Y M, et al. Nanocellulose reinforced thermoplastic starch (TPS), polylactic acid (PLA), and polybutylene succinate (PBS) for food packaging applications[J]. Frontiers in Chemistry, 2020(8): 213.

[40] 王璐. 罗布麻纳米纤维素载药缓释功能材料的制备及性能研究[D]. 乌鲁木齐：新疆大学, 2020.

[41] KLOCHKO N P, BARBASH V A, PETRUSHENKO S I, et al. Thermoelectric textile devices with thin films of nanocellulose and copper iodide[J]. Journal of Materials Science:Materials in Electronics, 2021, 32(18): 1–20.

[42] 董峰，黄帅超，魏占锋，等. 海藻酸钠—纳米纤维素共混膜的制备及性能 [J]. 材料科学与工程学报，2019, 37(3): 401–404, 416.

[43] CHEN Y M, PANG L, LI Y, et al. Ultra-thin and highly flexible cellulose nanofiber/silver nanowire conductive paper for effective electromagnetic interference shielding[J]. Composites Part A:Applied Science and Manufacturing, 2020, 135(C): 105960.

[44] 李桢，马忠雷，康松磊，等. 细菌纤维素 @Fe$_3$O$_4$/AgNW 复合薄膜的制备与电磁屏蔽性能 [J]. 精细化，2022, 39(6): 1162–1169, 1211.

[45] 刘茜，陆梦. 凝胶材料在纺织品开发中的应用 [J]. 中国纤检，2011(14): 84–86.

[46] WICHTERLE O, LÍM D. Hydrophilic gels for biological use[J]. Nature, 1960(185): 117.

[47] 王晨玫孜. 罗布麻纳米纤维素基水凝胶质保鲜材料的制备及性能研究 [D]. 乌鲁木齐：新疆大学，2021.

[48] 路洁，李明星，周奕杨，等. 纳米纤维素的制备及其在水凝胶领域的应用研究进展 [J]. 中国造纸，2021, 40(11): 107–117.

[49] HEIDARIAN P, KAYNAK A, PAULINO M, et al. Dynamic nanocellulose hydrogels: recent advancements and future outlook[J]. Carbohydrate Polymers, 2021(270): 118357.

[50] SMRITI R, RAHA S, SURAJ S, et al. Environment-friendly nanocellulose-indigo dyeing of textiles[J]. Green Chemistry, 2021, 23(20): 1–14.

[51] 孔勇，沈晓冬，崔升. 气凝胶纳米材料 [J]. 中国材料进展，2016, 35(8): 569–576, 568.

[52] 赵国樑，李光武，薛蓉，等. 气凝胶在纺织服装领域的应用技术现状 [J]. 新材料产业，2021(2): 48–53.

[53] 吴清林，梅长彤，韩景泉，等. 纳米纤维素制备技术及产业化现状 [J]. 林业工程学报，2018, 3(1): 1–9.

[54] 王世贤，降帅，李萌萌，等. 硅烷偶联剂改性纳米纤维素气凝胶的制备及其表征 [J]. 纺织学报，2020, 41(3): 33–38.

[55] 李蒙蒙，胡柳，侯爱芹，等. 生物基纤维尼龙 PA56 染色性能及产品开发研究进展 [J]. 染料与染色，2016, 53(5): 25–30.

[56] 孙燕琳，曹建达，颜志勇，等. 纳米纤维素/改性淀粉混合浆液对 PA56 纤维性能的影响 [J]. 合成纤维工业，2020, 43(6): 7–10, 14.

[57] 张昭燕，李政，张健飞，等. 数码印花染料墨水的研究进展 [J]. 针织工业，2020(6): 48–52.

[58] 沈静. 纳米纤维素印花墨水的研制与丝绸冷轧堆印花技术的研究 [D]. 杭州：浙江理工大学，2019.

[59] GAO J, NIE Y, LIM B H, et al. In-situ observation of cutting-induced failure processes of single high-performance fibers inside a SEM[J]. Composites Part A: Applied Science and Manufacturing, 2020(131): 105767.

[60] KATHIRSELVAM M, KUMARAVEL A, ARTHANARIESWARAN V P, et al. Assessment of cellulose in bark fibers of Thespesia populnea: influence of stem maturity on fiber characterization[J].

Carbohydrate Polymers, 2019(212): 439–449.

[61] GARCÍA-MATEOS F J, ROSAS J M, RUIZ-ROSAS R, et al. Highly porous and conductive functional carbon fibers from electrospun phosphorus-containing lignin fibers[J]. Carbon, 2022(200): 134–148.

[62] MASHKOUR M, MASHKOUR M. A Simple and scalable approach for fabricating high-performance superparamagnetic natural cellulose fibers and Papers[J]. Carbohydrate Polymers, 2021(256): 117425.

[63] SARIKAYA E, ÇALLIOĞLU H, DEMIREL H. Production of epoxy composites reinforced by different natural fibers and their mechanical properties[J]. Composites Part B: Engineering, 2019(167): 461–466.

[64] ZHANG X, FAN X, HAN C, et al. Novel strategies to grow natural fibers with improved thermal stability and fire resistance[J]. Journal of Cleaner Production, 2021(320): 128729.

[65] LI X, ZHANG K, SHI R, et al. Enhanced flame-retardant properties of cellulose fibers by incorporation of acid-resistant magnesium-oxide microcapsules[J]. Carbohydrate Polymers, 2017(176): 246–256.

[66] GOLESTANEH S I, MOSALLANEJAD A, KARIMI G, et al. Fabrication and characterization of phase change material composite fibers with wide phase-transition temperature range by co-electrospinning method[J]. Applied Energy, 2016(182): 409–417.

[67] CHEN Z, CAI Z, ZHU C, et al. Injectable and self-healing hydrogel with anti-bacterial and anti-inflammatory properties for acute bacterial rhinosinusitis with micro invasive treatment[J]. Advanced Healthcare Materials, 2020, 9(20): 2001032.

生物质纳米纤维

第二章

纳米纤维增强绿色复合材料

纳米复合材料是指组元中至少有一种结晶相或颗粒大小为纳米级（一般为1~100nm）的复合材料。它可发挥各组元材料的优点并克服单一组元的缺点。同时，由于纳米增强相具有很大的比表面积和界面相互作用，使纳米复合材料具有与宏观复合材料所不同的热学、力学性能。纳米纤维素的纳米尺度和网状结构，使它拥有优越的力学性能，质轻、高透明性、可再生及可生物降解等特点，在进行增强的同时仍保留原材料的特性。因此，纳米纤维素在组织工程学支架、热塑性塑料、光学透明性材料的增强等方面都得到了很好的应用。

纳米纤维素由于其高度有序的晶体结构，以及分子间和分子内氢键的存在而具有高强度。当复合材料受到应力作用时，纤维素纳米粒子可在被填充物界面产生相对滑移，滑动到新的位置之后，已经断裂的次级键又重新与基体二次键合，使聚合物基质与纤维素填料继续保持一定的界面结合强度，减缓复合材料宏观结构的崩塌；在纳米尺度范围内，复合材料的断裂强度能够被最大程度地优化，同时对缺陷不再那么敏感，在一定程度上可视为自然修复，避免裂纹和缺陷的进一步扩大，因此纳米纤维素可作为增强相应用于复合材料的制备[1, 2]。

第一节　纤维素纳米晶—环氧树脂复合材料

环氧树脂[3]是一类含有两个及以上环氧基的聚合物，自1936年问世以来，因其优异的耐化学腐蚀性、黏结性、电绝缘性、加工灵活性等特性，广泛地应用于包装、涂料、电子器件、土木建筑等领域。然而环氧树脂抗冲击损伤性差，易发生脆性断裂，限制了其应用和发展[4]。针对这种情况，目前通常采用对环氧树脂或固化剂进行化学改性[5, 6]，或是对环氧树脂产品直接添加改性剂填料等方式[7]，来改善环氧树脂的性能。随着纳米技术的发展与应用，添加具有特殊功能性的纳米粒子对环氧树脂基体进行增强改性成为当前研究的热点[8, 9]。

氨基化合物作为固化剂在聚合物中的应用已经比较成熟[10]，在纤维素纳米晶表面接枝多胺化合物，纤维素纳米晶上游离的氨基将与环氧基团发生反应，从而对环氧树脂的增强和改性发挥更大作用[11]。通过过硫酸铵氧化微晶纤维素得到纤维素纳米晶（CNC），与二乙烯三胺在N,N-二甲基甲酰胺（DMF）中发生缩合接枝反应，制备胺化纤维素纳米晶

（ACNC）。利用溶液共混法，分别将 CNC、ACNC 与环氧树脂复合得到纤维素纳米晶/环氧树脂复合膜。笔者通过探索纤维素纳米晶的添加量对复合膜机械强度的影响，确定纤维素纳米晶的最佳添加比例，并通过环境扫描电子显微镜、动态热机械性能等手段证实了纤维素纳米晶对环氧树脂复合材料的增强和增韧作用。

一、纤维素纳米晶—环氧树脂复合材料的制备

（一）胺化纤维素纳米晶的制备

取 2g MCC 和一定量的 2mol/L 过硫酸铵溶液置于 50mL 的烧瓶中，混合均匀，浸渍一段时间，60℃超声反应 2h，加入去离子水终止反应，得到乳白色的羧基化纤维素纳米晶（CNC）悬浮液。将悬浮液反复离心洗涤至中性，冷冻干燥后得到 CNC 粉末。取 1g CNC 粉末，1.12g EDC［1–乙基–（3–二甲基氨基丙基）碳酰二亚胺盐酸盐］，0.81g NHS（N–羟基琥珀酰亚胺）加入 100mL DMF（二甲基甲酰胺）中，活化 30min 后缓慢滴加 1mL 二乙烯三胺，室温搅拌 24h。反应结束后，离心洗涤去除反应液，去离子水反复洗涤，再用丙酮洗涤，得到以丙酮为分散剂的胺化纤维素纳米晶悬浮液（ACNC）。

（二）胺化纤维素纳米晶—环氧树脂复合材料的制备

取适量 ACNC 悬浮液超声分散 30min，使 ACNC 在丙酮中均匀分散，然后加入一定量的环氧树脂和二乙烯三胺，45℃超声反应 3h，真空脱除气泡后，将混合溶液倒入聚四氟乙烯培养皿中，常温固化 48h，得到胺化纤维素纳米晶—环氧树脂复合膜（ACNC–环氧树脂复合膜）。以相同方法制备纤维素纳米晶—环氧树脂复合材料（CNC–环氧树脂复合膜）。

二、表征与分析

（一）核磁共振（^{13}C NMR）分析

图 2–1 为 MCC、CNC 和 ACNC 的 ^{13}C NMR 谱图。由图可知，3 个样品的吸收信号主要在化学位移为 $\delta=50{\sim}120$ 处，呈现典型的纤维素核磁信号吸收峰。在化学位移 $\delta=66$、88 和 105 处的吸收信号分别对应于结晶区 C6、C4 和 C1，而非结晶区 C6 和 C4 分别位于 $\delta=64$ 和 83 处。而 $\delta=69{\sim}80$ 时强的吸收峰归属于不与糖苷键连接环碳的 C2、C3 和 C5。与 MCC 相比，CNC 在化学位移 $\delta=175$ 处出现了一个峰，对应于羧基的（C≕O）化学位移。说明 MCC 经过过硫酸铵氧化降解后得到了羧基化的纤维素纳米晶，这主要是降解过程中过硫酸铵分解产生的 H_2O_2 将 C6 上的羟基氧化为羧基所致。当 CNC 在 DMF 相中与二乙烯三胺发生缩合反应后，ACNC 在 $\delta=173$ 处出现了一个新的吸收峰，代表酰胺（—CONH—）的

C6—N 的化学位移。综上所述，证实了 CNC 上羧基的存在和氨基成功地接枝到 CNC 的表面。

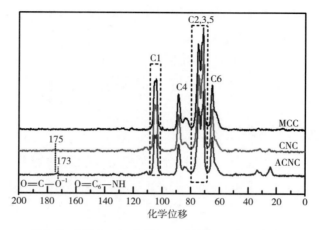

图 2-1　MCC、CNC 和 ACNC 的 ^{13}C NMR 谱图

（二）元素分析（EA）

如图 2-2 所示，CNC 中不含有 N 元素，ACNC 中 N 元素含量为 3.63%，说明二乙烯三胺成功接枝到了纤维素纳米晶的表面。而且由于缩合反应过程中会失去一分子水，在无水的条件下，更有利于反应向正向进行，因此反应过程中将 DMF 作为溶剂以提高接枝效率。根据式（2-1）计算，ACNC 的接枝率（DG）为 6.29%。

$$DG = \frac{162 \times W_{\mathrm{N}}}{14 \times 3 \times 100 \times W} \times 100\% \qquad （2-1）$$

式中：W_{N} 为样品中 N 元素的含量百分比（%），W 为纤维素样品的相对质量。

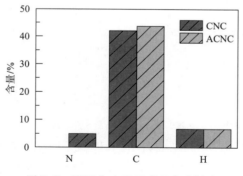

图 2-2　CNC 和 ACNC 的元素分析图

（三）胺化纤维素纳米晶的微观形貌

图 2-3 为制备的 ACNC 在透射电子显微镜下的照片，由图中可知 ACNC 在 DFM 相中分

生物质纳米纤维

散均匀，表面光滑，呈现短棒状，直径为10~30nm，长度分布在50~300nm。透射电镜观察表明，用过硫酸铵氧化微晶纤维素得到CNC与二乙烯三胺在DFM中发生缩合接枝反应得到的纤维素为纳米级的纤维素晶体。

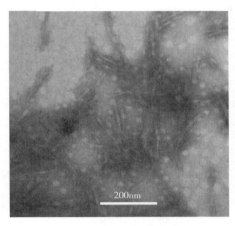

图2-3　ACNC的透射电镜图

（四）复合膜的力学性能分析

由图2-4可知，纤维素纳米晶添加量对环氧树脂复合膜的拉伸强度、弯曲强度和冲击强度均有较大的影响。环氧树脂膜的拉伸强度、弯曲强度、冲击强度分别为46.2MPa、52.3MPa、15.4kJ·m^2，随着纤维素纳米晶添加量的增加，环氧树脂复合膜的拉伸强度、弯曲强度和冲击强度均呈现先增加后减小的趋势。CNC添加量为0.1%时，CNC-环氧树脂复合膜的拉伸强度、弯曲强度和冲击强度达到最大，分别为59.8MPa、62.6MPa、31.1kJ·m^2，相较于环氧树脂膜，分别增加了29.4%、19.7%、102%。ACNC添加量为0.1%时，ACNC-环氧树脂复合膜的拉伸强度、弯曲强度和冲击强度分别达到66.2MPa、64.3MPa、37.4kJ·m^2，相较于环氧树脂膜，分别增加了43.3%、23.1%、143%。CNC的这种增强作用是由于CNC本身具有较大的长径比和较高的结晶度，另外CNC与环氧树脂混合后，相互缠绕的CNC连接着树脂分子，在复合膜受力过程中，限制了其裂纹处树脂分子的自由移动，从而提高了CNC-环氧树脂复合膜的强度。ACNC对环氧树脂的增强作用高于CNC，这一方面是由于ACNC本身的纳米增强效应，另一方面因为ACNC上接枝的氨基与环氧树脂的环氧基团发生了交联反应，使ACNC不仅可以与树脂分子形成物理缠绕，还与树脂分子间形成牢固的化学键结合，故力学性能进一步增强。当CNC的添加量过高时（>0.1%），会导致环氧树脂基体本身的交联密度下降，而且较多的CNC之间容易发生团聚，导致CNC在环氧树脂中的分散不均匀，引起环氧树脂复合膜力学性能的下降。ACNC添加量过高时（>0.1%），由于氨基含量较高，在环氧树脂固化过程中，起固化剂作用的ACNC上的氨基与环氧树脂发生交联反应的速度过快，固化过程不充分，导致形成的环氧树脂复合材

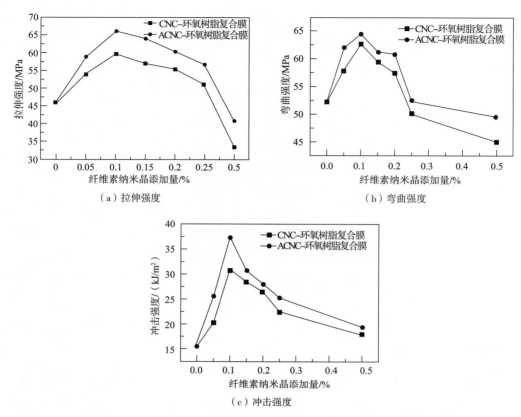

（a）拉伸强度　　　　　　　　　　　　　　（b）弯曲强度

（c）冲击强度

图2-4　纤维素纳米晶添加量对环氧树脂复合膜机械性能的影响

料的界面均匀性下降，材料的力学性能下降。

（五）复合膜的动态热机械性能分析

图2-5为环氧树脂膜、CNC–环氧树脂复合膜和ACNC–环氧树脂复合膜（CNC和ACNC的添加量均为0.1%）的储能模量［图2-5（a）］、损耗因子［图2-5（b）］随温度变化的曲线。由图2-5（a）可知，ACNC–环氧树脂复合膜的储能模量最高，CNC–环氧树脂复合膜的储能模量次之，均高于环氧树脂膜。储能模量的大小能够直接反映出复合膜的力学强度，即力学强度ACNC–环氧树脂复合膜＞CNC–环氧树脂复合膜＞环氧树脂膜，说明ACNC的增强作用高于CNC，这是由于ACNC不但能与环氧树脂基体形成物理缠绕，而且其表面上的氨基能够与环氧树脂形成化学键结合起到固化交联的作用。由图2-5（b）可知，ACNC–环氧树脂复合膜、CNC–环氧树脂复合膜、环氧树脂膜的玻璃化转变温度分别为85.6℃、80.2℃、91.1℃，损耗因子分别为0.46、0.51、0.37。纤维素纳米晶加入到环氧树脂基体中降低了体系的交联密度，使体系呈现非连续相的状态，有利于基体产生剪切塑性变形，起到增塑作用，因此环氧树脂复合膜的玻璃化转变温度下降。这表明纤维素纳米

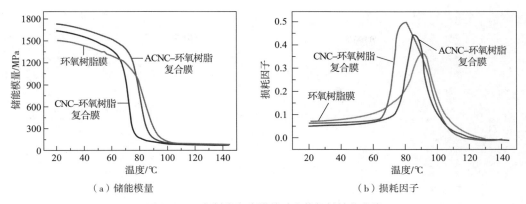

（a）储能模量

（b）损耗因子

图2-5　环氧树脂复合膜的动态热机械性能曲线

晶能够对环氧树脂起到增韧作用，而且CNC的增韧作用高于ACNC。综上所述，ACNC不但能够显著改善环氧树脂的柔韧性，而且能提高其力学强度。

（六）复合膜的形貌分析

由图2-6复合膜的冲击断面扫描电镜图可知，加入纤维素纳米晶后环氧树脂复合膜的表面更粗糙、裂纹更大且更多，说明复合膜具有更好的柔韧性[12]，因为当受到外力冲击时，均匀分散的CNC在外力作用下引发银纹，并使银纹在达到临界长度时急剧扩展且迅速支化，分散单个银纹的前端应力，从而使向前扩展的银纹转变为向周围扩展，CNC之间的基体产生塑性变形；同时部分CNC从基体中剥离，也会消耗体系的能量，表现为断面较粗糙。图2-6（c）表明ACNC-环氧树脂复合膜固化过程中，ACNC与基体发生微相分离形成空穴（白色小圈处），促使基体剪切变形产生剪切带和剪切屈服，从而消耗了更多的能量[13]；而且ACNC与环氧树脂基体之间还形成了牢固的化学键结合，在受到外力冲击时，ACNC能够更有效地吸收和分散外力，提高ACNC-环氧树脂复合膜的柔韧性，这也是其柔韧性显著提高而原有力学强度仍能保持的重要原因。由图2-6（f）ACNC-环氧树脂复合膜拉伸断面可知，被环氧树脂基体包裹的ACNC在复合膜被拉伸崩断时还能够牢牢结合在基体上，由于其自身良好的力学强度及韧性，当环氧树脂基体断裂时，ACNC虽然被拉伸（白色箭头处），但并未发生断裂。断面粗糙不光滑，进一步证实了在复合膜拉伸过程中ACNC阻止了环氧树脂分子的自由移动，使环氧树脂的韧性得到增强。综上所述，ACNC对环氧树脂具有很好的增强和增韧作用。

（七）复合膜的热性能分析

图2-7为环氧树脂膜、CNC-环氧树脂复合膜、ACNC-环氧树脂复合膜的TG和DTG曲线（CNC和ACNC的添加量均为0.1%）。由图2-7可知，环氧树脂膜、CNC-环氧树脂复合膜、ACNC-环氧树脂复合膜在300℃之下均有少量的热失重，这可能是由于少量水

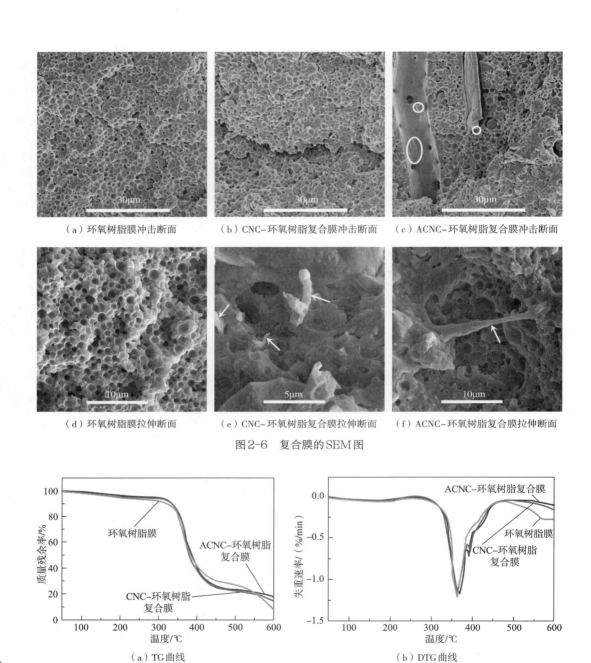

（a）环氧树脂膜冲击断面　　（b）CNC-环氧树脂复合膜冲击断面　　（c）ACNC-环氧树脂复合膜冲击断面

（d）环氧树脂膜拉伸断面　　（e）CNC-环氧树脂复合膜拉伸断面　　（f）ACNC-环氧树脂复合膜拉伸断面

图2-6　复合膜的SEM图

（a）TG曲线　　　　　　　　　　　（b）DTG曲线

图2-7　环氧树脂膜、CNC-环氧树脂复合膜、ACNC-环氧树脂复合膜的热性能曲线

分和有机物的挥发所致。CNC-环氧树脂复合膜和ACNC-环氧树脂复合膜的DTG曲线在398℃和395℃左右各出现了一个小峰，而环氧树脂膜没有此峰，说明此阶段为一个热分解过程，可能是由于CNC和ACNC的热分解产生的。因此，CNC-环氧树脂复合膜和ACNC环氧树脂复合膜的热分解过程包括两个阶段，即310~393℃为环氧树脂的热降解过程；393~435℃为CNC和ACNC的热降解过程。根据TG和DTG曲线计算得到环氧树脂膜、

CNC–环氧树脂复合膜、ACNC–环氧树脂复合膜的初始分解温度、最大失重速率温度和热失重比率数据，如表2-1所示。3个样品的初始分解温度均在344℃左右，且最大失重速率温度也相差不大，说明少量纤维素纳米晶的添加，对环氧树脂的热稳定性影响较小。

表2-1　环氧树脂膜、CNC-环氧树脂复合膜、ACNC-环氧树脂复合膜的热力学性能参数

样品	初始分解温度/℃	最大失重速率时的温度 T_{max}/℃	失重率/%
环氧树脂膜	344.5	363.3	91.2
CNC–环氧树脂复合膜	343.6	355.1	84.5
ACNC–环氧树脂复合膜	344.2	355.7	88.3

第二节　ZnCl₂ 解离制备纳米纤维素

$ZnCl_2$是一种绿色、稳定、价格便宜、易于回收、可重复使用的化学试剂。它不仅能进入纤维素的无定形区，还能进入结晶区，因此对纤维素有很好的润胀和溶解性能。用其制备的纳米纤维素化学活性大，反应条件温和，对纤维素降解损伤小，设备腐蚀性小，且操作简单，收率高。$ZnCl_2$是制作钢纸的主要试剂，如把$ZnCl_2$制备纳米晶体纤维素过程中的纳米纤维素/$ZnCl_2$溶液加以利用，是很理想的钢纸增强剂。此外，纳米纤维素比表面积大，表面羟基丰富，将会是一种优良纸张增强剂。本节采用$ZnCl_2$解离法制备纳米晶体纤维素，$ZnCl_2$具有绿色、稳定、价格便宜、易于回收、可重复使用等优点。经$ZnCl_2$处理后，纤维素无定形区和结晶区充分解离，纤维素分子间的氢键断裂，此时纤维素的大分子结构极易被破坏，容易在外力作用下破碎成纳米晶体纤维素，只需温和的处理条件就可以实现这一过程。此处采用超声波处理纤维素，其机理是通过超声共振把纤维素打散（是一种纯粹的物理过程），并且可以通过控制超声波的频率和超声时间，使之得到不同破碎程度、不同粒径的纳米晶体纤维素。其设备简单，无环境污染。

一、纳米晶体纤维素的制备

将1.53g的α–纤维素置于25mL浓度为67.56%的$ZnCl_2$溶液中，在80℃下间歇性高速均质分散反应3h，高速均质转速为9000r/min，得到透明的纤维素/$ZnCl_2$溶液，将0.5%盐酸加入到纤维素/$ZnCl_2$溶液中，控制溶液的pH小于5，使纤维素析出，离心分层，脱除上

层溶液，取下层纤维素胶状物进行超声分散处理3.5h后离心制得稳定的纳米晶体纤维素胶体。将纳米晶体纤维素进行冷冻干燥即获得纳米晶体纤维素粉末。

二、表征与分析

（一）宏观形貌分析

图2-8为纤维素的宏观形貌。图2-8（a）为不同浓度下CNC及MFC胶体，从左到右分别为0.1%的CNC、1%的CNC、1%的MFC，均呈现均一稳定的胶态；图2-8（b）为浓度10%的CNC，呈现为白色凝胶态；图2-8（c）所示为CNC冷冻干燥后的白色粉末；图2-8（d）所示为CNC胶体室温干燥制得的薄膜，该膜表面光滑，透明度高；图2-8（e）左边为CNC胶体烘干后制得的薄片，其表面光滑，透明度高，质地坚硬，其坚硬程度足以在木片表面刻字，图2-8（e）右边则为CNC薄片在木片表面所刻的"CNC"字样。

图2-8　纤维素的宏观形貌

（二）透射电子显微镜分析

图2-9为纤维素/ZnCl$_2$溶液析出的纤维素胶状物的TEM图，α-纤维素在ZnCl$_2$溶液与高速均质的协调作用下，变为微纤丝状态，即微纤化纤维素（MFC），纤维呈棒状，并交织成紧密的网状，长度为160~300nm，直径为30~50nm。由图2-10可知，纤维素胶状物在

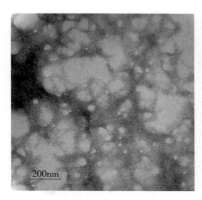
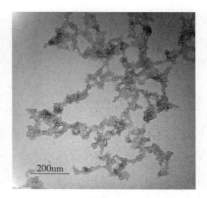

图2-9　纤维素胶状物TEM图　　　　　图2-10　纳米晶体纤维素TEM图
（150000倍）　　　　　　　　　　　（150000倍）

超声破碎的作用下，变成了颗粒状的纳米晶体纤维，长度为14~40nm，直径为10~20nm。

（三）原子力显微镜分析

通过原子力显微镜对纳米晶体纤维素表面形貌进行观察，结果如图2-11所示。由图可

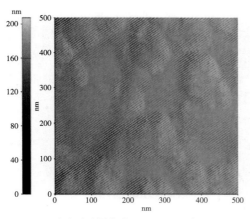

（a）高度图像（0.5μm×0.5μm）

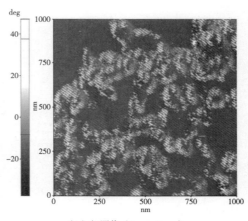

（b）相图像（1μm×1μm）

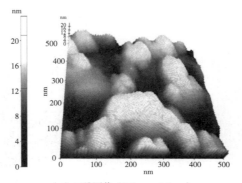

（c）三维图像（0.5μm×0.5μm）

图2-11　纳米纤维素的原子力显微镜图像

知，纳米晶体纤维素为颗粒状，与TEM图像相似，但尺寸较TEM大，这是由于AFM针尖对纳米晶体纤维素表面的影响，当AFM探针贴着纳米晶体纤维素颗粒的表面运动时，探针就会使图放大，会引起展宽效应，导致AFM观察到的颗粒尺寸略大于实际尺寸。

（四）傅里叶变换红外光谱分析

图2-12为实验各阶段纤维素的傅里叶变换红外光谱图。谱图中，3445cm^{-1}附近为羟基的伸缩振动，由于纤维素有多个羟基，其吸收峰相互叠加，形成了较宽的吸收峰。2900cm^{-1}附近对应的为亚甲基（—CH$_2$—）的C—H对称伸缩振动吸收峰。1060cm^{-1}附近有主要的吸收峰，为纤维素醇的C—O伸缩振动，其附近有很多较弱的肩峰。1382cm^{-1}附近为C—H对称伸缩振动。人纤浆在1429cm^{-1}处有一个吸收峰，为CH$_2$对称弯曲振动，而在其他纤维素中变弱，这是由于在制备α-纤维素时，用了NaOH对纤维素进行处理，使此峰向低波数偏移且强度下降。其峰强和峰位的改变，是由纤维素分子中C6附近氢键的断裂和重构导致，这表明纤维素Ⅱ结晶变体出现[14]。895cm^{-1}附近为纤维素异头碳（C1）的振动[15, 16]。

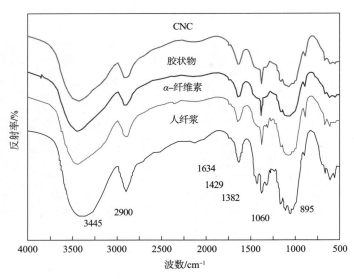

图2-12　纤维素的红外光谱图

第三节　纳米晶体纤维素作为纸张增强剂的研究

纳米晶体纤维素和MFC具有极高的比表面积，表面羟基丰富。若将其加入纸浆纤维中，其与纸浆纤维表面羟基能够紧密地结合，提高纸浆纤维之间的结合力，也增加了纸浆纤维对细小纤维及其填料的结合力，从而提高纸张的强度和抄纸的助留性。

MFC的纤维呈棒状，并交织成网状，具有较高的机械强度。而CNC为颗粒状，具有比MFC更大的比表面积。此处主要对比MFC和CNC这两种不同纤维形态的纳米纤维对纸张的增强效果，并研究纳米纤维用量对纸张增强效果的影响。同时，MFC和CNC自身也是纤维素，无毒、无味、色白，不增加纸张中的化学成分，并具有极高的纯度、强度、聚合度、结晶度、亲水性、杨氏模量、透明性和超精细结构等特点，是一种健康、绿色、环保的增强剂，在造纸工业中具有巨大的应用前景。

一、实验方法

（一）打浆

取一定质量的人纤浆在水中浸泡4h以上，在实验打浆机中疏解30min后，打浆3min，打浆浓度为1.63%，人纤浆A的打浆度为12°SR，人纤浆B的打浆度为12.5°SR。

（二）纸浆抄片

1. CNC和MFC混合增强纸浆抄片

将CNC和MFC按比例混合成均匀的混合纳米纤维素（CNC与MFC的质量比分别为1∶0、2∶1、1∶1、1∶2、0∶1）分别取一定质量的人纤浆A与混合纳米纤维素充分混合（纳米纤维素的添加量为8%）后，用纸样抄取器进行抄片。成型的纸样在油压机5MPa的压力下压榨5min，然后在回转干燥机中干燥，干燥温度为105℃。待纸样水分平衡24h后，用于纸张物理性能的检测。

2. 单独用MFC增强纸浆抄片

取一定质量的人纤浆B与MFC充分混合均匀（MFC的添加量分别为0、2.5%、5.5%、8%、10%、13%、13.5%、16%），用纸样抄取器进行抄片。成型的纸样在油压机5MPa的压力下压榨5min，然后在回转干燥机中干燥，干燥温度为105℃。待纸样水分平衡24h后，一批用于纸张物理性能的检测，另一批作为钢纸原纸，进行钢纸的制备。

二、表征与分析

（一）CNC与MFC对纸张增强效果的比较

将CNC与MFC按比例混合成均匀的混合纳米纤维素（CNC与MFC的质量比分别为1∶0、2∶1、1∶1、1∶2、0∶1）分别取一定质量的人纤浆A与混合纳米纤维素充分混合

（纳米纤维素的添加量为8%）进行纸浆抄片，纸张的定量约为111g/m²。其纸张物理性能的检测如表2-2及图2-13所示。

表2-2　CNC与MFC质量比对纸张增强效果的影响

CNC与MFC质量比	抗张指数/（Nm/g）		耐破指数/（kPa·m²/g）		撕裂指数/（mN·m²/g）	
	测试值	增幅/%	测试值	增幅/%	测试值	增幅/%
0：0	336.28	0	0.678	0	2.055	0
1：0	492.11	46.34	0.740	9.14	1.997	−2.82
2：1	515.81	53.39	0.866	27.73	1.989	−3.21
1：1	547.46	62.80	0.897	32.30	1.948	−5.21
1：2	572.35	70.20	1.077	58.85	1.905	−7.30
0：1	606.48	80.35	1.148	69.32	1.874	−8.81

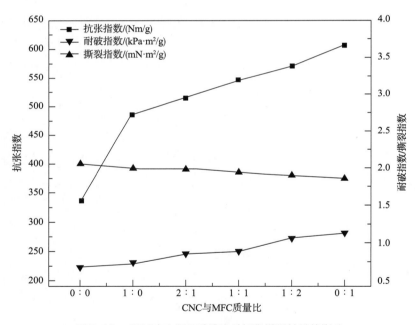

图2-13　CNC与MFC质量比对纸张增强效果的影响

　　由表2-2和图2-13可以看出，当纸浆加入CNC、MFC或CNC与MFC的混合纳米纤维素后，纸张的抗张指数、耐破指数明显提高，而撕裂指数略有下降。并且随着加入的混合纳米纤维素中MFC的比例的增加，纸张的抗张指数、耐破指数增加，而撕裂指数略下降。当只加入MFC时，纸张的抗张指数、耐破指数均达到最大值，其值分别为606.48Nm/g和1.148kPa·m²/g，增幅分别为80.35%和69.32%，而撕裂指数只下降了8.81%。

其主要原因是纸张的抗张指数和耐破指数主要取决于纸张纤维之间的结合力，CNC和MFC具有极高的比表面积和丰富的表面羟基，不仅能够和纸浆表面的羟基紧密结合，同时增加了纤维之间的交织面积，提高纤维间形成氢键的机会，从而提高了纤维之间的结合力，因此加入纳米纤维素后，纸张的抗张指数、耐破指数明显提高。由于纳米纤维素的表面羟基丰富，容易结合纸浆中的细小纤维，增加了抄纸过程中细小纤维的留着率，这将使纸张中纤维的平均长度下降，而纸张的撕裂指数主要取决于纸张纤维的平均长度，因此加入纳米纤维素后，纸张的撕裂指数略有下降。

另外，由于CNC的纤维形态为球状颗粒，其比表面积虽然比MFC大，但其纤维颗粒太小，较MFC更容易在抄纸过程中流失，相较于棒状结构并交织成网络的MFC，CNC的球状颗粒结构的机械性能也较棒状并交织成网络结构的MFC弱。因此随着加入的混合纳米纤维素中MFC的比例的增加，纸张的抗张指数、耐破指数增加。并且MFC网络状的分枝结构，也更容易捕获纸浆中的细小纤维，使细小纤维的留着率提高，造成纸张的撕裂指数下降。这也从另一个方面反映出，MFC的加入，有望提高纸浆对填料的留着率。

（二）MFC添加量对纸张增强效果的影响

取一定质量的人纤浆B与MFC充分混合均匀（MFC的添加量分别为0、2.5%、5.5%、8%、10%、13%、13.5%、16%），用纸样抄取器进行抄片。纸张的定量约为127g/m²。其纸张物理性能的检测如表2-3及图2-14所示。

表2-3　MFC添加量对纸张增强效果的影响

MFC添加量/%	抗张指数/（Nm/g）		耐破指数/（kPa·m²/g）		撕裂指数/（mN·m²/g）	
	测试值	增幅/%	测试值	增幅/%	测试值	增幅/%
0	582.44	0	0.832	0	1.787	0
2.5	774.08	32.90	0.869	4.45	1.780	−0.39
5.5	868.52	49.12	1.070	28.61	1.744	−2.41
8	902.36	61.26	1.283	54.21	1.690	−5.43
10	979.75	68.21	1.364	68.94	1.654	−7.44
13	1102.29	89.25	1.482	78.13	1.639	−8.28
13.5	1145.01	96.59	1.514	81.97	1.630	−8.79
16	1144.68	96.53	1.560	87.50	1.627	−8.95

由表2-3和图2-14可以看出，纸张的抗张指数、耐破指数随着MFC添加量的增加而明显提高，撕裂指数则略有下降。当MFC的添加量为13.5%时，抗张指数的增加趋势和撕

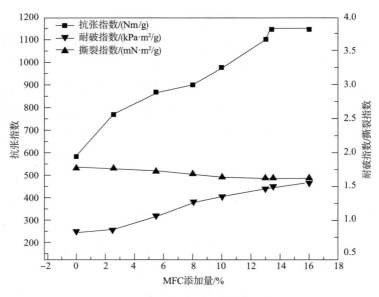

图2-14　MFC添加量对纸张增强效果的影响

裂指数的下降趋势均趋于平衡。其主要原因是纸张的抗张指数和耐破指数主要取决于纸张纤维之间的结合力，而MFC比表面积大，表面羟基丰富，能够和纸浆表面的羟基紧密结合，增加了纤维之间的交织面积，提高纤维间形成氢键的机会，从而提高了纤维之间的结合力。同时MFC为棒状并交织成网络结构，其机械性能强，因此抗张指数、耐破指数随着MFC添加量的增加而明显提高；并且MFC网络状的分枝结构，也更容易捕获纸浆中的细小纤维，使细小纤维的留着率提高，降低了纸张的纤维平均长度，造成纸张的撕裂指数下降。当MFC的添加量为13.5%时，纸浆纤维羟基键合MFC量基本达到平衡，MFC添加量继续增加时，由于纸浆纤维羟基键合MFC量趋于平衡，未和纸浆纤维键合的MFC则在抄纸过程中流失或留着在纸张纤维表面，未能呈现明显的增强效果，因此当MFC的添加量为13.5%时，抗张指数的增加趋势和撕裂指数的下降趋势均趋于平衡。

第四节　MFC作为钢纸增强剂的研究

钢纸是用高浓度$ZnCl_2$溶液处理钢纸原纸所制得的变性加工纸。其坚硬且质轻，机械强度可与铝比拟。钢纸之所以拥有如此高的强度，可能是由于经过浓$ZnCl_2$溶液的处理，钢纸原纸纤维被充分润胀，其无定形区甚至部分结晶区的氢键被打开，并在钢纸胶化和老化的过程中与周围纤维的羟基键合，这种纤维之间通过无定形区甚至部分结晶区的羟基所形成的氢键结合，其氢键数量远远大于仅靠纸浆纤维表面游离羟基形成氢键键合的普通纸张。

然而由于钢纸纤维间的空间位置等问题，部分已被浓 $ZnCl_2$ 溶液润胀打开的羟基未能与周围的纤维形成氢键。如果将纳米纤维素加入钢纸中，由于纳米纤维颗粒小，比表面积大，可以填充到钢纸纤维之间，能够和纸浆表面的羟基紧密结合，增加了纤维之间的交织面积，提高了纤维之间被浓 $ZnCl_2$ 溶液润胀打开的羟基的键合概率。同时纳米纤维素自身又具有高结晶度、高强度的性能，因此将纳米纤维素添加到钢纸中，有望提高钢纸的机械强度。

一、MFC增强钢纸的制备

（一）钢纸原纸抄造

1. 未添加MFC的钢纸原纸抄造

取一定质量的人纤浆 B 在水中浸泡4h以上，在实验打浆机中以浓度为1.63%，疏解30min后，打浆1.5min，加水将纸浆浓度调为1%，再疏解20min。用纸样抄取器进行抄片。成型的纸样在油压机5MPa的压力下压榨5min，然后在回转干燥机中干燥，干燥温度为105℃。待纸样水分平衡24h后，用于钢纸的制备。纸张的定量约为143g/m²，厚度约为0.26mm。

2. 纳米纤维素/$ZnCl_2$溶液的制备

MFC/$ZnCl_2$溶液的制备：将0.5g的α–纤维素置于80g、66.5%$ZnCl_2$溶液中，在80℃下间歇性高速均质分散反应3h，高速均质转速为9000r/min，得到透明的MFC/$ZnCl_2$溶液，纤维素浓度为0.625%。

CNC/$ZnCl_2$溶液的制备：将0.4g的冷冻干燥的CNC粉末置于64g、66.5%$ZnCl_2$溶液中，在80℃下间歇性高速均质分散反应30min，高速均质转速为9000r/min，得到透明的CNC/$ZnCl_2$溶液，纤维素浓度为0.625%。

（二）原纸的胶化和老化

分别以两种不同方式将原纸胶化，然后将胶化后的原纸在真空干燥箱中，在常压条件、36℃下放置6h。

胶化方案一：将不同MFC添加量的钢纸原纸在50℃、66.5%的 $ZnCl_2$ 溶液中静置2s，去除原纸表面多余的 $ZnCl_2$ 溶液。

胶化方案二：分别用MFC/$ZnCl_2$溶液和CNC/$ZnCl_2$溶液对未添加MFC的钢纸原纸在自制的钢纸双面胶化器中进行胶化，再去除原纸表面多余的纳米纤维素/$ZnCl_2$溶液，纳米纤维素/$ZnCl_2$溶液温度为50℃。

（三）钢纸的脱盐和干燥

将老化后的钢纸依次浸泡在30%、20%、10%的$ZnCl_2$溶液中，随后用60℃的清水洗涤，在回转干燥机中干燥，干燥温度为55℃，干燥时间为24h。

二、表征与分析

（一）不同MFC添加量的钢纸原纸对钢纸抗张强度的影响

用不同MFC添加量的钢纸原纸制成的钢纸，其抗拉强度检测结果如表2-4及图2-15所示。

表2-4　不同MFC添加量对钢纸抗张强度的影响

MFC添加量/%	0	2.5	5.5	8	10	13
拉伸强度/MPa	37.63	39.62	46.23	49.86	52.41	51.25
增幅/%	0	5.3	22.9	32.5	39.3	36.2

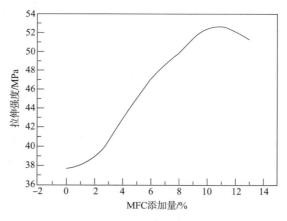

图2-15　不同MFC添加量的钢纸原纸对钢纸抗张强度的影响

由表2-4及图2-15可以看出，制得的钢纸抗张强度小于工业生产的钢纸，这是由于工业生产钢纸时，钢纸在生产的各工段均受到了压辊的碾压，特别是胶化时烘缸的碾压及其钢纸整形干燥时的热压机压榨，使工业钢纸表面平滑、紧实。而在实验室的条件下制备钢纸过程中，未使用任何压辊和热压机，使制得的钢纸密度低于工业钢纸，即钢纸的紧实度比工业钢纸低，故抗张强度小于工业生产的钢纸。

由结果可知，钢纸的抗张强度随着钢纸原纸中MFC添加量的增加而明显增大，当MFC添加量为10%时，达到最大值；随后随着MFC添加量的增加而略有降低。其原因可能是原纸在制成钢纸过程中，由于纤维间的空间位置等问题，部分已被浓 $ZnCl_2$ 溶液润胀打开的羟基未能与周围的纤维形成氢键。将 MFC 加入钢纸原纸后，浓 $ZnCl_2$ 溶液在润胀钢纸原纸的同时，也润胀 MFC，其填充在原纸纤维之间，能够和纸浆表面的羟基紧密结合，增加了纤维之间的交织面积，提高了纤维之间被浓 $ZnCl_2$ 溶液润胀打开的羟基的键合概率。并且随着 MFC 添加量的增加，纤维之间被浓 $ZnCl_2$ 溶液润胀打开的羟基的键合概率也增加，故钢纸的抗张强度随着钢纸原纸中 MFC 添加量的增加而明显增大；MFC 添加量为10%时，纤维之间的键合基本达到饱和。当 MFC 添加量继续增加时，多余的 MFC 一方面降低了钢纸中纤维的平均长度；另一方面 MFC 以其极大的比表面积而部分溶解于被钢纸原纸吸收的 $ZnCl_2$ 溶液中，使 $ZnCl_2$ 溶液对原纸纤维的润胀能力下降，故钢纸的抗张强度略有降低。

（二）$ZnCl_2$ 中添加纳米纤维素对钢纸抗张强度的影响

分别用 $ZnCl_2$ 溶液、MFC/$ZnCl_2$ 溶液和 CNC/$ZnCl_2$ 溶液（$ZnCl_2$ 溶液中纳米纤维素的质量浓度为0.625%）处理钢纸原纸制得钢纸，其抗拉强度检测结果如表2-5及图2-16所示。

表2-5　$ZnCl_2$ 溶液中添加 MFC 或 CNC 对钢纸抗张强度的影响

$ZnCl_2$ 溶液的添加物	空白样	MFC	CNC
拉伸强度/MPa	37.07	40.96	42.96
增幅/%	0	10.5	15.9

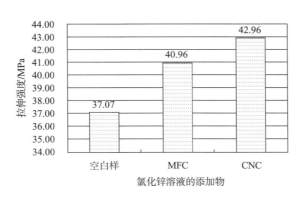

图2-16　$ZnCl_2$ 溶液中添加 MFC 或 CNC 对钢纸抗张强度的影响

由结果可知，当 $ZnCl_2$ 溶液中溶解纳米纤维素后，用其钢化钢纸原纸，可以达到明显的增强效果，而添加 CNC 的效果优于 MFC。并且在原纸钢化过程中，每张原纸吸附的纳米纤维素的质量约占原纸质量的1.8%，其添加量与在钢纸原纸添加纳米纤维素的方法相同时，可以达到更高的效果。

其原因可能是当纳米纤维素溶解到 $ZnCl_2$ 溶液中时，纳米纤维素已被无限润胀，其无定形区和结晶区的羟基均被全部打开，化学活性极大；当纳米纤维素/$ZnCl_2$ 溶液去胶化钢纸原纸，原纸纤维的羟基被浓 $ZnCl_2$ 溶液润胀打开的同时，纳米纤维表面的羟基便立即与之结合，使原纸纤维间羟基键合得更为紧密且键合概率变大，故钢纸的强度变大。而 CNC 比表面积大于 MFC，且颗粒更小，更容易进入原纸纤维中间，表面活性更大，使 CNC 的增强效果高于 MFC。同时，添加在钢纸原纸中的 MFC 未被 $ZnCl_2$ 预先无限润胀，而是在 $ZnCl_2$ 溶液处理钢纸原纸过程中与原纸纤维同时被润胀，其润胀程度不及无限润胀，即结晶区内还有部分氢键未被打开，导致其游离羟基比溶解于 $ZnCl_2$ 溶液中的 MFC 少，所以当 MFC 添加量相同时，在钢纸原纸添加纳米纤维素的方法增强效果低于在 $ZnCl_2$ 溶液中添加纳米纤维素。

另外，在 $ZnCl_2$ 溶液中添加 MFC，采用的是 $ZnCl_2$ 解离法制备纳米晶体纤维素过程中的中间物，即 MFC/$ZnCl_2$ 溶液。其在制备纳米纤维素的过程中不去除反应剂 $ZnCl_2$，而是将其加以利用，方法更为简便、快捷，完成了纳米纤维素制备和应用一步式。而在 $ZnCl_2$ 溶液中添加 CNC，由于 CNC 的聚合度较 MFC 低，故 CNC/$ZnCl_2$ 溶液的黏度较 MFC/$ZnCl_2$ 溶液的低，在胶化操作时更为方便。并且将纳米纤维素添加到 $ZnCl_2$ 溶液的方法有效规避了钢纸原纸添加法中和抄纸钢纸原纸过程中纳米纤维素的流失问题。

参考文献

[1] KOLMAKOV G V, REVANUR R, TANGIRALA R, et al. Using nanoparticle-filled microcapsules for site-specific healing of damaged substrates: creating a "repair-and-go" system [J]. ACS Nano, 2010, 4(2): 1115–1123.

[2] 卢麒麟. 基于纳米纤维素的超分子复合材料与杂化材料的研究 [D]. 福州：福建农林大学，2016.

[3] 李桂林. 环氧树脂与环氧涂料 [M]. 北京：化学工业出版社，2003.

[4] 魏波，周金堂，姚正军，等. 环氧树脂基体的原位增韧技术研究进展 [J]. 材料导报，2019, 33(17): 2976–2988.

[5] 魏文康，虞鑫海. 环氧基体树脂的制备与性能表征 [J]. 中国胶粘剂，2019, 28(2): 17–20.

[6] 段铁锋，王小群，刘羽中，等. 几种聚醚胺改性蒙脱土对环氧树脂固化过程的影响 [J]. 化学学报，2012, 70(10): 1179–1186.

[7] 毛丽贺，申宏旋，李嘉禄，等. 改性聚氨酯上浆剂对碳纤维与环氧树脂界面性能的影响 [J]. 高分子材料科学与工程，2019, 35(2): 102–106, 111.

[8] 唐亮，王秀峰，伍媛婷，等. 无机纳米粒子改性环氧树脂复合材料研究进展 [J]. 化工新型材料，2012, 40(4): 4–6, 16.

[9] 李勃，陈文帅，于海鹏，等. 纤维素纳米纤维增强聚合物复合材料研究进展 [J]. 林业科学，2013,

49(8)：126–131.

[10] 宁春花，徐冬梅，张可达. 一种新型环氧树脂固化剂的合成[J]. 中国胶粘剂，2005，14(2)：41–43.

[11] 王文俊，王维玮，洪旭辉. 纤维素纳米晶晶须的表面改性及其在环氧树脂中的应用[J]. 高分子学报，2015(9)：1036–1043.

[12] SALEH A B B, ISHAK Z A M, HASHIM A S, et al. Synthesis and characterization of liquid natural rubber as impact modifier for epoxy resin[J]. Physics Procedia, 2014(55): 129–137.

[13] ROBINETTE E J, ZIAEE S, PALMESE G R. Toughening of vinyl ester resin using butadiene-acrylonitrile rubber modifiers[J]. Polymer, 2004,45(18): 6143–6154.

[14] 赵汉生，陈小燕，邱佩琼，等. 张力对竹原纤维碱处理的影响[J]. 纺织科技进展，2009(1)：62–64.

[15] ALEMDAR A, SAIN M. Isolation and characterization of nanofibers from agricultural residues-wheat straw and soy hulls[J]. Bioresource Technology, 2008,99(6): 1664–1671.

[16] OH S Y, YOO D I, SHIN Y, et al. Crystalline structure analysis of cellulose treated with sodium hydroxide and carbon dioxide by means of X-ray diffraction and FTIR spectroscopy[J]. Carbohydrate Research, 2005,340(15): 2376–2391.

第三章

生物相容性自愈合凝胶纤维

水凝胶纤维质地柔软、富含水分的性质，有利于细胞培养和材料内的传质，因此被广泛应用于药物输送、组织愈合和可穿戴电子设备等医学领域[1-3]。然而，生物质基水凝胶通常机械强度弱，使用寿命短，而人工合成的聚合物基水凝胶力学性能突出，却不具有细胞相容性，严重限制了水凝胶材料在医疗领域的应用[4]。因此，设计出高耐久性并具有生物相容性的水凝胶仍然是一个挑战。

通过赋予凝胶自愈合属性以修复受损凝胶并延长其使用寿命是一种行之有效的策略[5]。自愈合凝胶网络的研究机理显示，非动态化学键过于稳定，受损的凝胶无法自我愈合，其自愈合性主要依赖于动态化学键，动态化学键可以恢复受损的化学键，使水凝胶恢复至原来的特性[6-8]。

相较于合成高分子水凝胶，天然高分子水凝胶就具备良好的生物相容性和降解性，它的使用过程也较为安全，且经济耐用，绿色环保，还拥有优越的力学性能，所以适用于食品包装、生物医药、石油化工及建筑等众多领域。由于从合成石油基聚合物转向从可再生和可持续来源中获得大分子物质的环境趋势的日益增长，以及天然高分子聚合物在生物医学和制药应用中存在的潜力，由天然高分子聚合物（如纤维素和壳聚糖）制成的水凝胶纤维在过去的几十年里引起了很大的关注。

第一节　明胶／纳米纤维素自愈合凝胶

明胶是一种由动物皮、骨水解后产生的蛋白质，其成本低廉、可降解、成膜性好且具有生物相容性，已被广泛用作医药、食品和医疗应用中的生物材料[9-11]。然而，明胶自身机械强度弱，使用寿命短，需要引入增强相以提升其力学性能。纳米纤维素作为一种天然高分子，其具有良好的可降解性、生物相容性，高结晶度、高强度、高比表面积等优异的理化性质，可作为增强相以提高材料的力学性能[12, 13]。同时，纳米纤维素表面丰富的羟基为对其化学改性提供了良好的基础。因此，基于明胶分子内存在的大量氨基，通过含有醛基的纳米纤维素强化水凝胶的力学性能，明胶中的氨基可以与纳米纤维素中的醛基反应，形成动态的、可逆的亚胺键，这种键在受到破坏时，伤口两端的动态共价键因实现动态交换反应而重新在伤口处形成交联点，从而实现凝胶的自愈合。

一、明胶/纳米纤维素自愈合明胶的构建

（一）双醛纳米纤维素的制备

双醛纳米纤维素制备流程如图3-1所示，将竹浆板利用粉碎机粉碎成絮状纤维素原料并烘干，取4g纤维素原料放入玛瑙球磨罐中，加入50mL的pH为3.56的硫酸溶液和2g的NaIO$_4$，然后以350r/min球磨180min之后再加入4g的NaIO$_4$，重复以350r/min球磨180min，使纤维素充分氧化、微纳化，球磨结束后，用乙二醇除去未反应完全的NaIO$_4$，去离子水反复离心洗涤（9000r/min）至中性，超声处理120min，离心收集（5000r/min）上层乳白色悬浮液，即为双醛纳米纤维素（DNCC）。

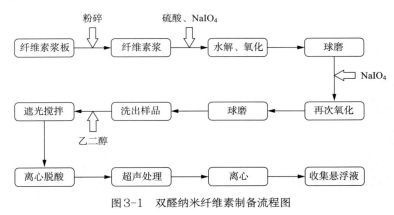

图3-1　双醛纳米纤维素制备流程图

（二）纳米纤维素得率测定

均匀打散已制备的纳米纤维素悬浮液，记V为悬浮液总体积，在称量瓶中准确量取V'。于真空下冷冻干燥，经过一定时间后达到恒重状态。可根据式（3-1）计算纳米纤维素得率。

$$得率(\%)=\frac{(m_2-m_1)V}{V'm}\times100\% \tag{3-1}$$

式中：变量m_1为称量瓶质量（g）；m_2为干燥后称量瓶与样品总质量（g）；m为纤维素的质量（g）；V为制备的纳米纤维素总体积（mL）；V'为量取去冷冻干燥的样品体积（mL）。

（三）纳米纤维素自愈合材料制备

将15g明胶溶于85g水中，60℃加热搅拌至溶解，得到质量分数为15%的明胶溶液。室温下，将实际纳米纤维素（即要先行计算出纳米纤维素的固含量）和明胶按质量比1:15配制，迅速搅拌混合，得到自愈合凝胶材料。具体制备过程操作如图3-2所示。

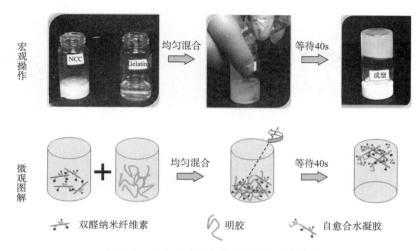

宏观操作

均匀混合 → 等待40s → 成型

微观图解

\+ → 均匀混合 → 等待40s →

✕ 双醛纳米纤维素   🜁 明胶   ✕ 自愈合水凝胶

图3-2 纳米纤维素自愈合材料的制备操作

二、结果与分析

（一）微观形貌分析

纳米纤维素的TEM谱图如图3-3所示，分布散乱的纳米纤维素单体互相交错相叠，因纳米纤维素单体中有多羟基易形成内部氢键，导致纳米纤维素中有一部分呈现团聚现象，单根纳米纤维素均呈现出短棒似的形状，使表面基团暴露数量变多，比表面积增大，在复合材料中作用力增强，提高了与其他材料的反应活化能。单根纳米纤维素直径为25~50nm，长度为200~300nm[14]。

0.5μm

图3-3 纳米纤维素TEM谱图

（二）傅里叶变换红外光谱分析

采用傅里叶变换红光谱表征来论证纳米纤维素原料在机械化学法下羟基被醛基化。如图3-4所示，纳米纤维素与醛基化后的纳米纤维素（即双醛纳米纤维素）吸收峰的位置相同，没有发生较大的"红移"和"蓝移"，出现峰值的区域在波数400~4000cm^{-1}内。由于—OH的伸缩振动吸收，醛基化前后的纳米纤维素在峰值3411cm^{-1}的位置存在较强的吸收峰；比较两峰，醛基化后纳米纤维素相对峰值较高，说明醛基化后的样品表面暴露出更多—OH基团。在2900cm^{-1}处出现的吸收峰是由于C—H的伸缩振动；出现在1734cm^{-1}与1650cm^{-1}附近的吸收峰是由于C=O伸缩振动而引起的；在1055cm^{-1}、1165cm^{-1}处的吸收峰均为C—O伸缩振动表现，谱图中醛基化后的纳米纤维素在这两个波段位置的吸收峰明显发生变化，这是由于纳米纤维素中的部分—OH被醛基化的结果，醛基化后的纳米纤维素在1734cm^{-1}处出现了新的吸收峰（表3-1）。

综上，可以说明在经过机械力化学球磨法处理后的原料内部羟基部分被醛基化，且在机械力化学的作用下减少了纳米纤维素自身氢键的作用，与XPS的分析基本一致。

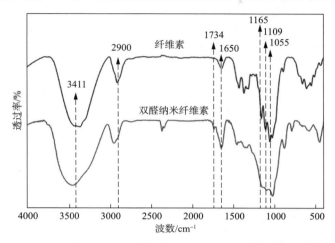

图3-4　纳米纤维素原料和双醛纳米纤维素的红外谱图

表3-1　纳米纤维素原料和双醛纳米纤维素内部特征官能团红外吸收波数[15]

内部特征官能团与化学键	波数大致位置/cm^{-1}
—OH伸缩振动	3411
C—H	2900
—CH=O	1734
醇的C—O	1055
醚的C—O	1165

（三）X射线衍射分析

纳米纤维素原料和双醛纳米纤维素的X射线衍射谱图如图3-5所示。由图可知，在2θ=15.2°、21.0°、22.6°、26.6°与34.2°处均出现较明显的衍射峰。这些衍射峰对应了纤维晶体的（101）、（10$\bar{1}$）、（002）、（002）与（040）衍射晶面，表示纳米纤维素原料和双醛纳米纤维素样品均为纤维素Ⅰ型。由于纳米纤维素在机械力化学法的作用下，导致单体中的分子内部分氢键断裂，内部结构被破坏，产生了无序结构区，从而引起强度降低。经计算，得到纳米纤维素原料的结晶度为63.2%，而醛基化后的纳米纤维素仅有30.1%的结晶度，这是由于羟基被氧化成醛基后使纳米纤维素中的结晶区遭到破坏[16]。

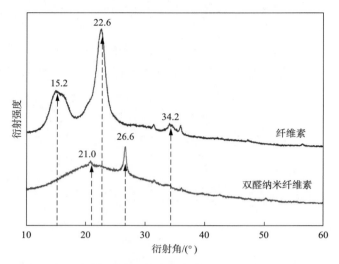

图3-5 纳米纤维素原料和双醛纳米纤维素的XRD谱图

（四）X射线光电子能谱分析

纳米纤维素原料与双醛纳米纤维素的XPS能谱图如图3-6所示，为方便观察峰值得到官能团强度信息将结合能作为横坐标。其中，纳米纤维素原料在C1s谱图中按照结合形式的异同，能够拟合出三个不同的峰，下述以C1、C2、C3来指代，分别表现为结合能为284.6eV左右的C—C官能团、C—H官能团，结合能为286.5eV左右的 —OH或C—O官能团以及结合能为288eV左右的C═O官能团或O—C—O官能团。而O1s拟合出的两个不同的峰为结合能532eV左右的C—O—H键与结合能为533.9eV左右的C—O—C键。双醛纳米纤维素对应的结合能与官能团同理可得，数值如表3-2所示。

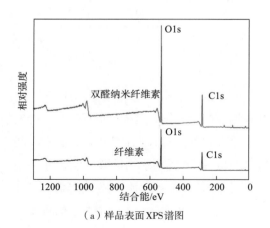

（a）样品表面XPS谱图

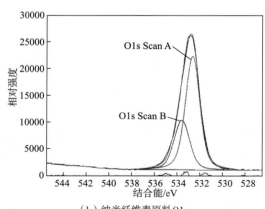

（b）纳米纤维素原料O1s

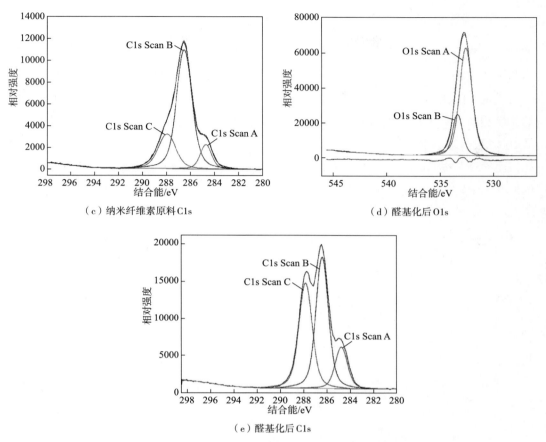

（c）纳米纤维素原料C1s

（d）醛基化后O1s

（e）醛基化后C1s

图3-6 纳米纤维素原料与双醛纳米纤维素的XPS能谱图

其中醛基化后的C3结合能相较于纳米纤维素原料增加了0.4eV，是因为纳米纤维素中的羟基（—OH）被醛基化。纳米纤维素原料中C元素的含量占83.5%，余下16.5%为O，双醛纳米纤维素中C元素的含量略高于原料，占85.9%，余下14.1%为O。O/C比从纳米纤维素原料的0.197降至醛基化后的0.163，这是由双醛后的纳米纤维素中羟基被氧化成醛基，表面暴露的C数量原子有所增加导致的。

表3-2 纳米纤维素原料和双醛纳米纤维素所对应的结合能与元素含量

样品	结合能 /eV					元素含量/%		O/C
	C1	C2	C3	O1	O2	C	O	
原料	284.6	286.5	288.0	532.0	533.9	83.5	16.5	0.197
醛基化	284.5	284.5	288.4	532.4	534.0	85.9	14.1	0.163

（五）热性能分析

图3-7所示为纳米纤维素原料和双醛纳米纤维素的TG谱图和DTG谱图，是热重分析测试的结果。由图可知，纳米纤维素原料中含有少量的水分，在0~291℃损失的是水分的质量，因此变化速率较慢。而在291~367℃，纳米纤维素分子开始分解，C骨架连接的化学键断裂，致使质量损失较大，因此此曲线下降明显。相较于原料，双醛纳米纤维素从208℃便开始达到主要热损失区间直到400℃为止。双醛纳米纤维素部分结构单元被破坏，而导致无法形成稳定的结构所以使分解温度起始点有所降低。因此，可以说明纳米纤维素醛基化后，内部团聚现象减少、自身形成的氢键部分断裂，造成热稳定性较之前有所降低。

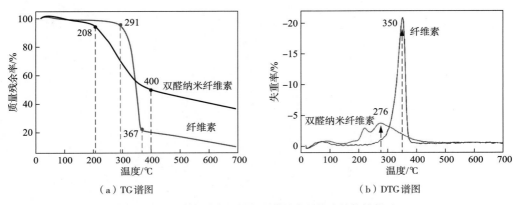

（a）TG谱图　　　　　　　　　　　（b）DTG谱图

图3-7　纳米纤维素原料和双醛纳米纤维素的热性能图

（六）力学性能分析

纳米纤维素自愈合材料的压缩强度—应变的关系曲线如图3-8所示。由图可知，每

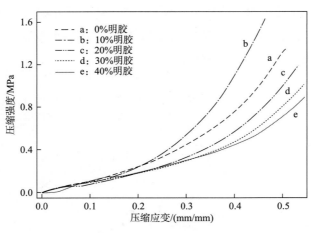

图3-8　纳米纤维素自愈合材料的压缩强度—应变曲线

份自愈合材料样品均随着压缩强度的增大应变能力而增强。同时，屈服强度区间为45%~60%，该点证明制备出的纳米纤维素自愈合材料在弹性性能方面表现良好。对比图中各条曲线，随着明胶加入量的增多，明胶含量为总质量的10%的样品压缩强度达到1.6MPa。而当明胶含量从总质量的10%增加至40%时，同一压力下的压缩强度又开始逐渐降低。

图3-9展示的是纳米纤维素自愈合材料的杨氏模量随着不同明胶加入量的变化曲线图，随着明胶含量的不断增大，杨氏模量呈现出先增后减的趋势，在明胶含量为总质量的10%时，样品的杨氏模量达到所测量的最大值。

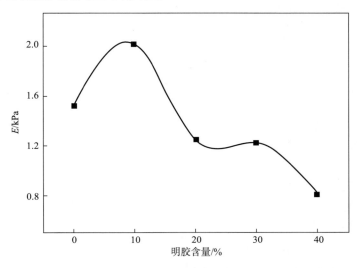

图3-9　纳米纤维素自愈合材料测得杨氏模量随明胶含量的变化

综上，一定量的明胶加入增强了纳米纤维素自愈合材料的压缩强度，明胶与纳米纤维素之间也有较好的相容性。当明胶加入量为总质量的10%时，双醛纳米纤维素与明胶发生较强的氢键结合及酰胺键结合作用，使所制备的材料结构较为紧密，克服了单纯明胶或者单纯纳米纤维素的脆性弱点[17]。

（七）流变性能分析

图3-10（a）、图3-10（b）分别为纳米纤维素自愈合材料的储能模量（G'）和损耗模量（G''）与扫描频率的关系曲线。其中所测样品中的物质组成会影响G'的数值，而所测样品的黏性会影响G''的数值，且G'与G''两者数值均与样品的制备手段有关，需要对相态中的组分进行分析[18]。

由图可知，在应变振幅为1~10Hz时，不同明胶含量的纳米纤维素自愈合材料样品表现为非线性分布，随着扫描频率的逐渐增加，每份样品材料的储能模量也在不断增大。扫描频率确定为5Hz时，储能模量下降趋势变缓。纳米纤维素自愈合材料的储能模量随着明

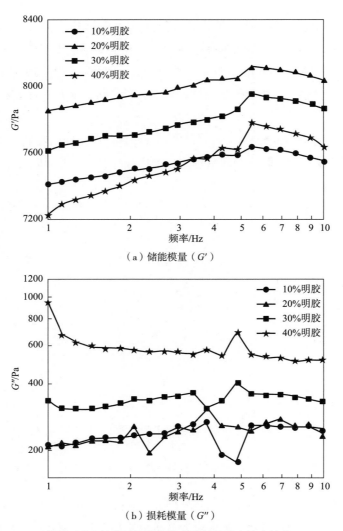

（a）储能模量（G'）

（b）损耗模量（G''）

图3-10　纳米纤维素自愈合材料的动态流变性能

胶含量的增加而减小，即从7800Pa降低到7200Pa，这是因为在加入明胶后，纳米纤维素和明胶之间形成了非共价作用，增强了氢键的作用。从图中可以看出，每一个试样的储能模量远大于损耗模量，证明样品始终保持着自身的弹性性能。根据不同含量的明胶显示的储能模量的不同，判断出明胶也不可在自愈合材料中占过大的比重，否则会影响力学稳定性。控制明胶加入量为20%前后，可以使材料稳定性较强。该测试结果与力学测试表明的结果基本相同。

（八）自愈合性能分析

　　常温下，将明胶水溶液与醛基纳米纤维素进行混合，经过40s后凝胶成型即为纳米纤维素自愈合材料。为测定自愈合材料的自愈合性能，操作方法如图3-11所示。具体步骤

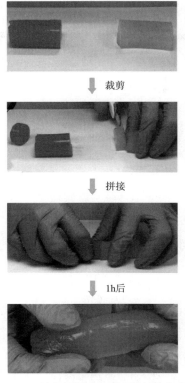

图3-11 纳米纤维素自愈合材料的自愈合

如下：制备两个形状大小相同的圆柱体纳米纤维素自愈合材料，将成型后的样品各用裁刀裁去一小段，将裁剩下的样品拼接在一起，仅需1h，两个样品完美融合即达到自愈合的能力。醛基化的纳米纤维素与明胶之间在形成的动态化学键和非共价键的作用下[19-21]，当材料受到外力破坏或者自身发生损坏时，将"受伤"部分放置在一起，便可在一定时间内基本恢复到受伤前状态。基于良好的自愈合能力与生物相容性、绿色无毒、易降解性等优点，制备的纳米纤维素/明胶材料，可同生物、医药、精细化工等方面拓展应用。

第二节　双网络交联纳米纤维素基自愈合凝胶

多年来，设计和构建自愈合材料的合成方法不断引起了人们的关注。基于超分子化学在常温下具有快速可逆性的自修复材料已成为材料设计领域的研究热点[22-24]。自愈合材料即自修复材料，是一种重要的智能水凝胶材料，显示出一种内在的自我修复能力。目前，虽然有不少研究者已通过物理交联或动态化学键制备了多种自愈合水凝胶[25-27]，但探寻新型自愈合水凝胶体系仍是当今的研究热点,以满足生物医学等各领域对自愈合凝胶的多功能性和优异的自修复性能的需求。

硼砂作为一种含硼化合物,在医学中具有广泛的用途。通过硼酸基团与羟基缩合反应生成动态共价键硼酸酯键,硼砂能与明胶反应生成动态共价键进而形成水凝胶,由此形成的水凝胶具有突出的稳定性和可逆性。将纳米纤维素和明胶进行适当的改性以增强二者间的相容性和非共价键作用,同时协同利用二者的特殊化学优良性质,制备绿色、可降解、机械性能好、自愈合能力佳的自愈合凝胶材料。在此基础上将硼砂引入明胶/纳米纤维素自愈合凝胶内,得到的双网络交联纳米纤维素自愈合凝胶无须外界刺激即可自主治愈,其宏观和微观自愈合效果良好,自愈合后能基本恢复到原来的机械性能。

一、双网络交联纳米纤维素自愈合凝胶的制备

用烧杯称取固含量5.86%醛基化后的纳米纤维素样品4.267g,将一定量的硼砂置入其中溶解,使硼砂的浓度为0.1mol/L,提前称取一定量的四硼酸钠配制成摩尔浓度为0.1mol/L的溶液置于烧杯中,使用磁力搅拌器并加热至75℃使烧杯里溶液加速溶解,待充分溶解完毕后,再加入一定量的明胶用玻璃棒快速搅拌使其溶解充分,冷却至室温后,与先前备好的醛基纳米纤维素样品混合,并快速均匀搅拌,保证二者充分混合后置入12孔细胞培养板定型,静置后的材料即为自愈合水凝胶。

二、结果与分析

(一)傅里叶变换红外光谱分析

将纳米纤维素原料及球磨制备得到的醛基化后的样品用傅里叶变换红外光谱进行表征分析其化学结构,如图3-12所示。

醛基化后的样品与纳米纤维素原料的吸收峰的位置几乎相似,即基本特征峰均与纳米纤维素原料相差不大,"红移"和"蓝移"的现象不太明显,峰值出现的区域范围在500~4000cm^{-1},说明醛基化处理后的纳米纤维素仍保留着原始的结构特征。醛基化后的纳米纤维素在3420cm^{-1}附近的吸收峰要强于纳米纤维素原料,表明醛基化后的纳米纤维素表面含有更多的 —OH基团伸缩振动[28];此外,在2934cm^{-1}处的吸收峰表示 —CH$_2$中的C—H的伸缩振动[29];1641~1727cm^{-1}处的是由C=O伸缩振动引起的;由于C—O的伸缩振动以及一部分纳米纤维素表面的 —OH被醛基化,1030cm^{-1}和1160cm^{-1}处的吸收峰变化较大。综上所述,二者谱图的相似性说明球磨后的纳米纤维素原料的 —OH部分被醛基化并且减少了纳米纤维素自身氢键的作用。

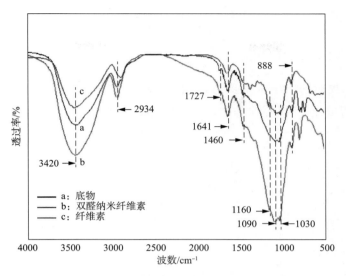

图3-12　纳米纤维素原料和双醛纳米纤维素的红外谱图

（二）X射线衍射（XRD）结果分析

为了更好地了解纳米纤维素原料及球磨制备得到的醛基化后的样品的晶体结构，使用X射线衍射仪测其相对结晶度，得出二者的XRD谱图如图3-13所示。

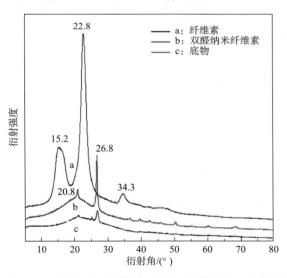

图3-13　纳米纤维素原料和双醛纳米纤维素的XRD谱图

由图可知，纳米纤维素原料的衍射峰在15.2°、22.8°、34.3°处较为明显，而醛基化后的样品在20.8°和26.8°处出现明显的衍射峰，衍射峰越窄，说明其结晶度越高，在球磨时，由于受到较强的机械力作用，纳米纤维素单体分子内部氢键被破坏，产生大部分无定形结构区。综上所述，相较于纳米纤维素原料，醛基化后的纳米纤维素的结晶区被破坏，结晶度下降。

（三）TG、DTG热性能分析

运用热分析仪对纳米纤维素原料及球磨制备得到的醛基化后的样品进行热稳定性表征。如图3-14所示，分别为纳米纤维素原料和醛基化后的样品的TG谱图与DTG谱图。

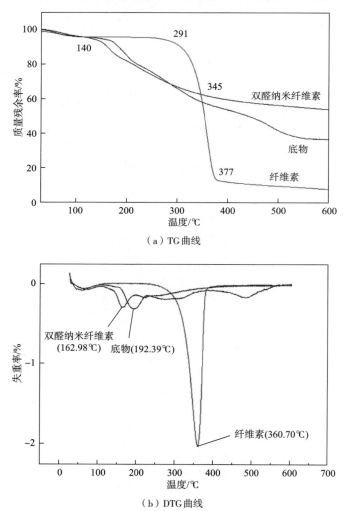

（a）TG曲线

（b）DTG曲线

图3-14　纳米纤维素原料和双醛纳米纤维素的热性能图

由图可知，在100℃附近二者出现热失重的程度较小。在140℃以后，醛基化后的纳米纤维素和纳米纤维素原料的热失重开始出现了差异，在0~291℃纳米纤维素原料的变化速率较慢，原因是其中含有较少的水分，故在该温度区间损失的主要是水分[30]；在291~377℃的温度区间，曲线呈现出明显的下降趋势，这是由于纳米纤维素分解迅速，使碳所连接的化学键断裂导致其质量变小。与原料相比，醛基化后的纳米纤维素在

140~345℃的温度区间达到主要热损失，这是由于其部分单元结构被破坏，致其形成的结构较不稳定。

综上所述，醛基化后的纳米纤维素热降解温度比纳米纤维素原料的低，这是由醛基化后的纳米纤维素部分自身的氢键断裂及内部的团聚现象减少造成的，这导致醛基化后的纳米纤维素在较低的温度下产生吸热分解，使其稳定性降低[31]。

（四）愈合材料愈合前后应变性能分析

压缩应力—应变所指的是材料受到载荷压缩的情况下产生形变的过程。采用测量应变性能的仪器对纳米纤维素自愈合材料进行力学表征，得出测量材料在自愈前与自愈后随压缩强度的改变材料应变能力的变化的关系曲线。由图3-15可知，纳米纤维素愈合材料的压缩应变随着应变能力的增大而增大，且在55%~70%产生屈服时的应力，该区间说明纳米纤维素自愈合材料拥有良好的弹性性能。愈合前后两者的压缩应力数据结果出入不大，说明重新愈合后的材料形成的紧密结构，能基本恢复到切割前的弹性效果。

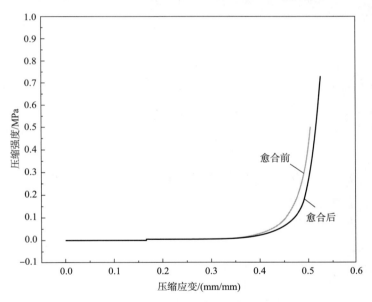

图3-15　纳米纤维素自愈合材料的压缩应力—应变曲线

（五）自愈合材料的自愈合能力分析

自愈合材料最终混合的质量比为明胶：纤维素=4∶1，明胶∶硼砂溶液=13∶87。为了更好地测试所制材料的自愈合性能，制备出两个形状相同、大小一样的纳米纤维素自愈合材料，将其中一个进行染色处理，然后使用刀片分别将二者各切割一部分，要保证二者的切口整齐吻合，再将两个切割的部分在无外力作用的情况下进行接触，一段时间后，染色部分与非染色部分重新愈合形成新的整体（图3-16）。

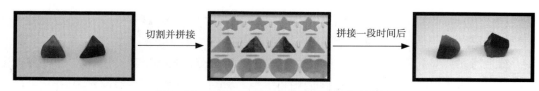

图 3-16 纳米纤维素自愈合材料的自愈合过程

实验表明，明胶和醛基化后的纳米纤维素两者在非共价键的作用下，具有自发修复损伤和修复裂痕的能力，经过一定的时间后便可恢复到原状态。由此可见，醛基可以与明胶中的氨基发生席夫碱反应，以增强网络，通过二者之间的分子作用力构筑成新型复合材料。这种材料的使用期限较长，使用安全性较高，使材料的维护成本也较低。

第三节 三网络交联纳米纤维素基自愈合凝胶

为进一步增强水凝胶的机械性能并保留其生物相容性，采用双醛纳米纤维素与明胶水溶液共混，并引入单宁（Ta）和四硼酸钠（Borax）作交联剂，制备出具有高强度三重网络结构的水凝胶。首先，DNCC与明胶复合形成的动态亚胺键为第一重交联网络。其次，向水凝胶中引入四硼酸钠和单宁，明胶和DNCC分子链中的羟基能与四硼酸钠的硼酸基团产生缩合反应生成动态共价键硼酸酯键形成第二重交联网络。再次，在凝胶溶液与单宁的混合过程中，单宁的酚类反应位点能与明胶中氨基酸单元的氨基官能团（如组氨酸、精氨酸和赖氨酸）结合形成共价C—N键并生成第三重交联网络。最后，单宁的酚羟基和羧基可以通过氢键与明胶和双醛纳米纤维素结合，增强水凝胶的交联程度和力学性能。同时对水凝胶的微观形貌、特征结构、热稳定性、力学性能、自愈合性及生物相容性进行表征，为智能新材料领域自愈合水凝胶的开发提供思路。

一、生物相容性纳米纤维素自愈合凝胶的制备

纳米纤维素自愈合水凝胶的制备过程如图3-17所示，取4.267g制备的双醛纳米纤维素溶液于烧杯中（固含量为5.86%），加入0.153g四硼酸钠充分溶解；另取8.921g、0.1mol/L四硼酸钠溶液于烧杯中，取单宁0.333g加入其中，加热搅拌至溶解。之后再加入1g明胶充分搅拌至溶解，冷却后与双醛纳米纤维素溶液混合、搅拌均匀后倒入模具中定型，室温静置得到纳米纤维素自愈合水凝胶（Gel/DNCC/Borax/Ta）。

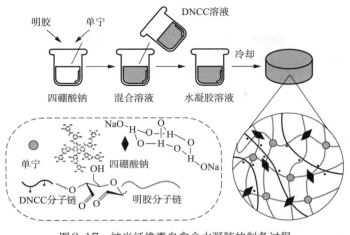

图3-17 纳米纤维素自愈合水凝胶的制备过程

二、结果与分析

（一）扫描电子显微镜（SEM）

图3-18为纯明胶水凝胶和纳米纤维素自愈合水凝胶膜的扫描电镜图。由图3-18（a）可见，纯明胶水凝胶结构紧密、表面光滑、均匀。而在图3-18（b）中，纳米纤维素自愈合水凝胶的表面比较粗糙，这主要是因为双醛纳米纤维素、明胶和单宁之间发生了交联反应，形成了互穿网络，使纳米纤维素自愈合水凝胶膜呈现出更清晰的纤维纹路结构。同时，交联剂四硼酸钠的添加，使凝胶网络结构变得更加致密，说明单宁、明胶和双醛纳米纤维素之间形成了三重网络互穿交联结构。

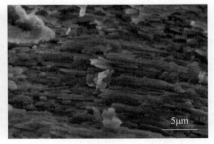

（a）纯明胶水凝胶 　　　　　（b）纳米纤维素自愈合水凝胶

图3-18 明胶水凝胶和纳米纤维素自愈合水凝胶膜的SEM图

（二）傅里叶变换红外光谱分析

图3-19为双醛纳米纤维素、明胶和纳米纤维素自愈合水凝胶的红外谱图。图中，DNCC在3420cm^{-1}附近较强的吸收峰，属于由羟基引起的O—H伸缩振动吸收；1640cm^{-1}

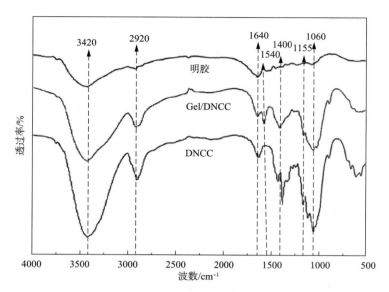

图 3-19　双醛纳米纤维素、明胶和纳米纤维素自愈合水凝胶的红外谱图

和 1060cm^{-1} 处的峰分别对应 C=O 的伸缩振动吸收和 C—O 的伸缩振动吸收[32]。1720cm^{-1} 附近处出现了较强的吸收峰，该峰中为高碘酸钠氧化后纤维素分子中 C2—C3 键断裂后形成醛基的羰基（C=O）伸缩振动峰，1155cm^{-1} 和 1060cm^{-1} 处的特征吸收峰减弱或消失，表明纤维素中的部分羟基被氧化成醛基，2920cm^{-1} 附近处较强的吸收峰属于吡喃葡萄糖环的 C—H 伸缩振动[33]。上述特征峰均出现在 Gel/DNCC 的谱图中。值得注意的是，不同于 DNCC 和 Gelatin 的谱图，Gel/DNCC 在 1720cm^{-1} 处的吸收峰消失，这是由于 DNCC 上的醛基（—CHO）和明胶中的氨基（—NH$_2$）发生了席夫碱反应。在 1540cm^{-1} 处出现新的吸收峰，为形成的亚胺键（C=N）的振动吸收峰；1640cm^{-1} 附近的吸收峰，为复合膜中明胶分子链上的酰胺键（—CO—NH—）振动吸收峰，这说明 DNCC 的醛基与明胶中的氨基发生反应脱水缩合生成动态亚胺键（C=N）。红外光谱分析结果表明 DNCC 和明胶以化学交联的方式形成凝胶。

（三）热性能分析

图 3-20 为明胶水凝胶及 Gel/DNCC/Borax/Ta 的 TG 和 DTG 曲线。图中，纳米纤维素自愈合水凝胶的热失重主要分为三个阶段。第一阶段 25~301℃，此阶段水凝胶失重主要由凝胶中自由水和吸附水的蒸发引起，此阶段凝胶失重比例较小，速率缓慢。第二阶段为 301~355.3℃，此阶段水凝胶失重速率较快，主要可归因于明胶分子侧链发生断裂。第三阶段是 301~675.9℃，明胶分子主链发生热分解，样品几乎损失至残量。同明胶水凝胶相比，Gel/DNCC/Borax/Ta 的热稳定性有所增强，热分解温度从 277.3℃ 提升到 301℃，最大失重速率温度从 312.9℃ 提升到 320.9℃。这是由于 Gel/DNCC/Borax/Ta 水凝胶中多重氢键和多

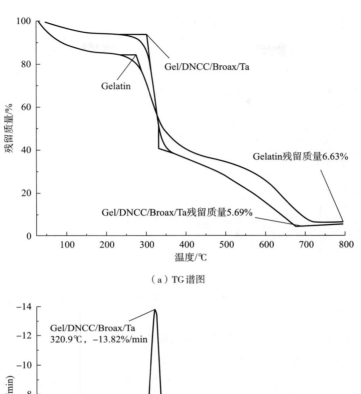

（a）TG谱图

（b）DTG谱图

图3-20 纳米纤维素自愈合水凝胶的热重分析图

种动态共价键协同作用，在凝胶内部交联形成紧密的三重交联网络，增强了其结构稳定性，从而提高了热稳定性。

（四）力学性能分析

图3-21为Gel/DNCC、Gel/DNCC/Borax以及Gel/DNCC/Borax/Ta三种凝胶的拉伸强度—应变曲线。力学表征结果显示，加入交联剂四硼酸钠和单宁使水凝胶的拉伸强度有了显著提升，GEL/DNCC的断裂强度为0.138MPa，GEL/DNCC/Borax断裂强度为0.216MPa，

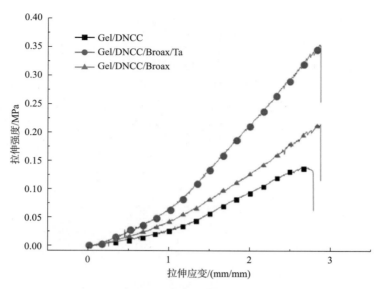

图 3-21 纳米纤维素自愈合水凝胶的拉伸强度—应变曲线

Gel/DNCC/Borax/Ta 的断裂强度为 0.353MPa，Gel/DNCC/Borax/Ta 的断裂强度较 Gel/DNCC 增加了 155.8%。此外，四硼酸钠和单宁并未降低 Gel/DNCC 的断裂伸长率。这主要归因于明胶中氨基酸单元的氨基官能团（如组氨酸、精氨酸和赖氨酸）能与单宁的酚羟基反应位点反应，形成 C—N 键并生成交联网络[34]。同时，明胶和 DNCC 上的羟基与四硼酸钠的硼酸基团缩合反应生成动态共价键硼酸酯键。Gel/DNCC/Borax/Ta 内强韧的三重交联网络在大幅提升凝胶拉伸强度的同时仍保留了 Gel/DNCC 水凝胶的韧性。

图 3-22 为 Gel/DNCC、Gel/DNCC/Borax 及 Gel/DNCC/Borax/Ta 三种凝胶的压缩强度—

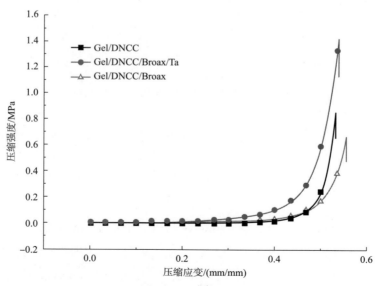

图 3-22 纳米纤维素自愈合水凝胶的压缩强度—应变曲线

应变曲线。如图所示，三种凝胶的屈服极限均出现在50%~60%压缩率的区间内，并无显著差异。当压缩率为50%时，Gel/DNCC/Borax抗压强度为0.851MPa，Gel/DNCC/Borax/Ta抗压强度为1.422MPa。相比于Gel/DNCC（0.686MPa），Gel/DNCC/Borax/Ta的压缩强度提升了107.3%。说明Gel/DNCC在四硼酸钠和单宁交联后，凝胶内的互穿网络更加稳定，凝胶的力学性能得到增强。

图3-23为Gel/DNCC/Borax/Ta水凝胶的宏观柔韧性测试，从图中可以看出，在人体模型手指的各种弯曲情况下，凝胶均能保持与模型手指完全贴合，说明Gel/DNCC/Borax/Ta水凝胶能够跟随人体运动，不易发生分离，具有良好的柔韧性。

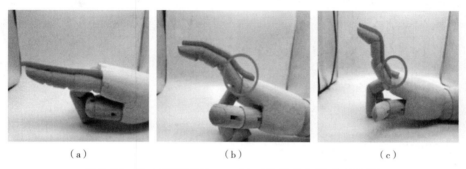

（a）　　　　　　　　　（b）　　　　　　　　　（c）

图3-23　Gel/DNCC/Borax/Ta水凝胶的宏观柔韧性测试

图3-24为Gel/DNCC/Borax/Ta水凝胶的可注射性测试。如图3-24（a）、图3-24（b）所示，准备相同量的两份Gel/DNCC/Borax/Ta凝胶溶液，其中一份加入少量罗丹明B粉末作为指示剂，将它们分别装入注射器中以相同速度同时注入烧杯，注射过程顺畅。如图3-24（c）所示，注射后的凝胶溶液均匀混合，等待30s后凝胶溶液成型，凝胶材料的性质没有发生任何改变，由此证明其的可注射性。

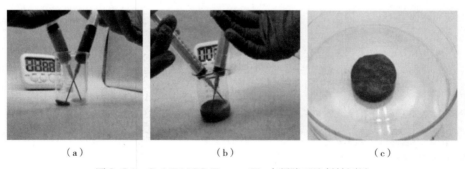

（a）　　　　　　　　　（b）　　　　　　　　　（c）

图3-24　Gel/DNCC/Borax/Ta水凝胶可注射性测试

（五）流变性能分析

图3-25为纳米纤维素自愈合水凝胶的储能模量和损耗模量与扫描频率的关系曲线。由图3-25（a）可知，Gel/DNCC/Borax/Ta的储能模量 G' 明显高于Gel/DNCC，当扫描频

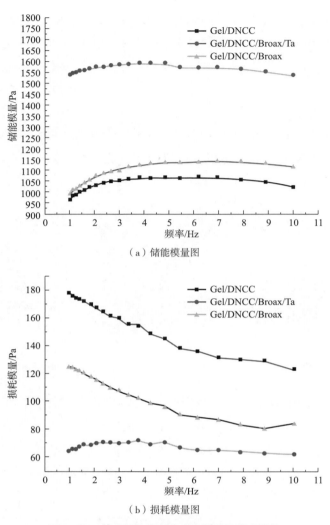

（a）储能模量图

（b）损耗模量图

图3-25　纳米纤维素自愈合水凝胶的流变性能

率为1Hz时，随着Borax和Ta的加入，纳米纤维素自愈合水凝胶的储能模量从960Pa升高到1550Pa，提升了61.4%。这是由于在加入Borax和Ta后，凝胶内大量新形成的共价键（C—N键，硼酸酯键等）和氢键共同增强了水凝胶的力学性能。并且在所有扫描频率下，纳米纤维素自愈合水凝胶的$G' \gg G''$，且Gel/DNCC/Borax/Ta的G'基本不随扫描频率而变化，表现出化学交联凝胶的特征[35]，在整个频率范围内都呈现出凝胶态。流变测试结果显示纳米纤维素自愈合水凝胶具有良好的橡胶弹性。

（六）自愈合性能分析

对Gel/DNCC/Borax/Ta凝胶的自愈合性进行测试。如图3-26所示，分别制备有、无添加罗丹明B的Gel/DNCC/Borax/Ta凝胶。然后倒入模具中等待成型，再将有、无指示剂的

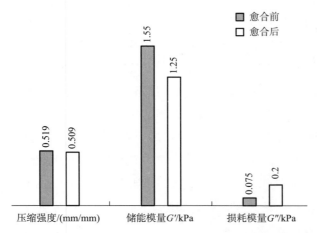

图3-26　纳米纤维素自愈合水凝胶的宏观自愈合过程

凝胶样品从中间均匀地切开，然后将两部分凝胶样品的缺口进行准确交叉拼接，并静置等待1 h，切口重新愈合。结果表明，染色和未染色的凝胶之间的切割界限变得模糊，指示剂向未染色部分流动并染色。此外，自愈合后的凝胶可以保持原来的形状，对愈合后的凝胶进行拉伸、压缩，凝胶的切割面没有裂开，且愈合后的切口消失，表明Gel/DNCC/Borax/Ta凝胶的愈合能力突出。

　　对愈合后的Gel/DNCC/Borax/Ta水凝胶的压缩强度和流变性能进行表征，如图3-27所示，Gel/DNCC/Borax/Ta水凝胶愈合前压缩应变为0.519mm/mm，愈合后压缩强度为0.509mm/mm，自愈合效率达到98%。表明Gel/DNCC/Borax/Ta水凝胶自愈合能力良好，这主要归因于自愈合过程中动态硼酸酯键和亚胺键在受到破坏后，由自身的动态可逆性，重新形成、快速愈合。相比于愈合前，愈合后的Gel/DNCC/Borax/Ta的G'有所降低，G''有所升高。这可能是由于断裂后凝胶内稳定的化学键如C—N键和氢键被破坏，使凝胶的流变性能略有降低。

图3-27　自愈合对Gel/DNCC/Borax/Ta水凝胶性能的影响

（七）生物相容性分析

1. CCK8细胞增殖检测

细胞相容性分析：采用浸提的方式制备明胶纤维素复合物浸提液，再用6种不同浓度（0%、0.1%、0.5%、1%、2%和4%）浸提液处理成纤维细胞（L929细胞）24h、48h、72h后，CCK8检测细胞增殖，选择一个对成纤维细胞无毒性的浓度处理细胞24h、48h、72h，流式检测细胞凋亡，通过细胞染色检测细胞活性和细胞毒性。

图3-28为采用不同浓度的明胶纤维素复合物浸提液处理24h、48h、72h时细胞的增殖情况，经过72h处理后，与对照组相比，当明胶纤维素复合物浸提液处理组中浸提液为低浓度（0.1%和0.5%）时，细胞增殖速度略有提升，但当浸提液浓度为1%、2%、4%时，细胞增殖被抑制。这是由于明胶是一种高分子量的水溶性蛋白混合物，浓度较低时可充当细胞培养底物，促进细胞增殖，而当悬浮液浓度继续增大时，细胞悬浮液中的渗透压随之增大，使细胞出现皱缩、肿胀、破裂等情况，导致细胞增殖率降低[36]。细胞增殖实验说明0.5%浓度的明胶纤维素复合物浸提液对细胞增殖具有一定的促进作用。后续的流式凋亡实验选用0.5%浓度的明胶纤维素复合物浸提液。

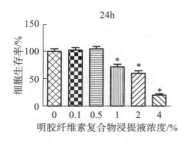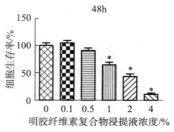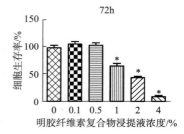

图3-28 CCK8细胞增殖情况

2. 流式细胞术和细胞染色检测

图3-29为0.5%浓度的明胶纤维素复合物浸提液处理CCK8细胞后，经过一定时间后细胞的凋亡情况。从图中可以看出，细胞增殖过程中，实验组与对照组细胞的增殖趋势相同。在处理24h后，与对照组相比，明胶+纤维素组的细胞凋亡略微升高，细胞存活率无明显变化；在处理48h后，明胶+纤维素组的细胞凋亡率略低于对照组；在处理72h后，与对照组相比，明胶+纤维素组的细胞凋亡升高、细胞存活率降低，但明胶+纤维素组的细胞凋亡率仍小于5%，而此时对照组细胞凋亡率为3.5%，两组间细胞凋亡率并无显著差异。图3-29（c）为0.5%浓度的明胶纤维素复合物浸提液处理后细胞的染色图片，图中细胞分布均匀，形态稳定，且细胞的分布密度较大，表明细胞能够在0.5%浓度的明胶纤维素复合物浸提液中正常存活[37]。流式细胞术及细胞染色检测分析结果说明了纳米纤维素自愈合水凝胶具有良好的生物相容性。

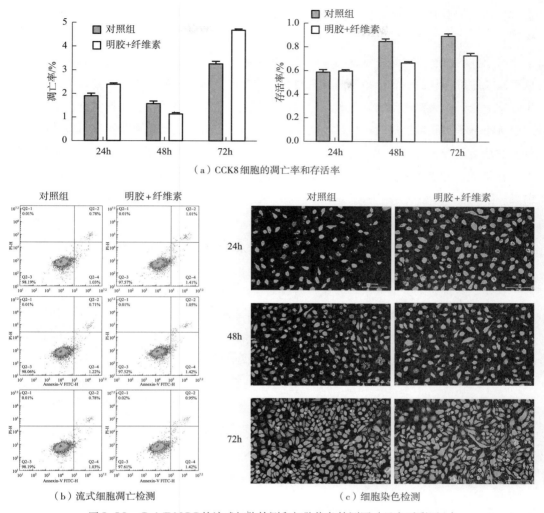

（a）CCK8细胞的凋亡率和存活率

（b）流式细胞凋亡检测

（c）细胞染色检测

图3-29　Gel/DNCC的流式细胞检测和细胞染色检测图（见文后彩图1）

第四节　壳聚糖／纳米纤维素自愈合凝胶

　　壳聚糖及其衍生物拥有的最重要的特征之一就是其伯氨基团丰富。来自羧甲基壳聚糖的氨基团可以与聚合物的醛基团反应形成动态且可逆的席夫碱键，它易于破碎和重新成型，使水凝胶实现快速自愈。考虑到羧甲基壳聚糖中存在丰富的氨基团和醛基纳米纤维素拥有较大的比表面积和大量的活性醛基，从而假定由羧甲基壳聚糖和醛基纳米纤维素组成的自愈合水凝胶能够迅速成型，并且其在生理条件下发生断裂后又可快速自愈合。此外，当其被浸入水性体系中时，水凝胶中的醛基纳米纤维素可以起到支持和保护网络结构的作用。

将改性的双醛基纳米纤维素与羧甲基壳聚糖相结合，通过二者之间的席夫碱反应来形成动态亚胺键，从而制备出纳米纤维素自愈合水凝胶。选用以氨基或醛基化改性修饰过的生物质大分子作为交联剂的席夫碱反应来构筑自愈合水凝胶体系，可以避免用戊二醛、乙二醛等小分子交联剂反应时产生的生物毒性。同时，亚胺键的动态化学平衡可以使材料对外界的环境具有多重响应性，从而将之应用于开发新型的智能水凝胶，满足不同的应用需求，在细胞治疗及通过刺激响应性药物来靶向传送载体等生物医学领域具有广泛的应用前景。

一、生物相容性壳聚糖/纳米纤维素自愈合凝胶的构建

首先，需将粉末状的羧甲基壳聚糖溶解并按比例配制成一定浓度的溶液。其次，将制备好的醛基纳米纤维素加入水中进行充分溶解，因制备的醛基纳米纤维素溶液浓度较低，故应尽量提高壳聚糖溶液的浓度以降低凝胶含水率，但浓度过高则会导致壳聚糖溶液流动性差，不利于反应的进行，因而需配制适当浓度的壳聚糖溶液。本实验中选择配制6%、7%、8%三种不同浓度的羧甲基壳聚糖溶液。取适量制得的醛基纳米纤维素溶液分别与6%、7%、8%这3种不同浓度的羧甲基壳聚糖溶液均按照1∶5、1∶6、1∶7、1∶8的比例进行混合，搅匀后迅速倒入模具中，3~4s即可成型。

二、结果与分析

（一）微观形貌分析

图3-30为不同壳聚糖溶液浓度制备的双醛基纳米纤维素与壳聚糖质量比为1∶8的复合水凝胶切面电镜图。由图3-30可以看出，三种不同壳聚糖浓度的水凝胶都呈现出复杂的孔隙结构，这是由水凝胶内所含水分经冷冻干燥后所呈现。相较于壳聚糖溶液浓度为6%的水凝胶的电镜图［图3-30（a）］，壳聚糖溶液浓度为7%的水凝胶的电镜图［图3-30（b）］中的孔隙较小，而且大部分的孔径也随着水凝胶中壳聚糖浓度的增大而减小，但二者的孔隙分布都较不均匀；而壳聚糖溶液浓度为8%的水凝胶的电镜图［图3-30（c）］中的孔隙则更小，且分布整体均匀。观察水凝胶断面的不规则孔隙结构，结果表明水凝胶的孔洞结构可能与其内部的动态共价键有着紧密的联系。化学交联的水凝胶中的席夫碱键增大了网络密度，也提供了更多分子间作用力以形成更多交联点，而这些交联点又反过来影响了该水凝胶的孔隙结构、孔径及分布等[38]。

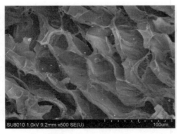 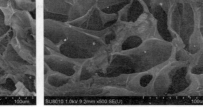 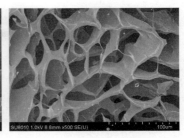

（a）壳聚糖浓度为6%且原料配比为　　（b）壳聚糖浓度为7%且原料配比为　　（c）壳聚糖浓度为8%且原料配比为
　　　　　1∶8的水凝胶　　　　　　　　　　　1∶8的水凝胶　　　　　　　　　　　1∶8的水凝胶

图3-30　原料配比为1∶8时，壳聚糖浓度不同的水凝胶断面的扫描电镜图

　　图3-31中展示的是双醛纳米纤维素及未改性的纳米纤维素在透射电子显微镜下的微观
形貌。由图中可以看出：未改性的纳米纤维素呈短棒状，但由于羟基之间强烈地形成氢键
作用的趋势，纳米纤维素之间相互结合呈束状聚集，易产生自团聚现象；而相较于未改性
的纳米纤维素，双醛基纳米纤维素则较少呈现出聚集状态，这是由于改性后的醛基纳米纤
维素分子间的氢键作用力有所减弱从而减少了侧向聚集，有助于其与羧甲基壳聚糖分子中
的氨基反应构成席夫碱键。改性后的双醛纳米纤维素的样貌呈现出扁平的棒状结构，它的
尺寸与样貌都没有因为通过高碘酸钠改性而发生改变。

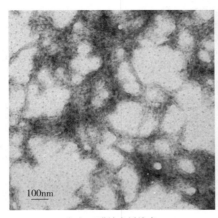 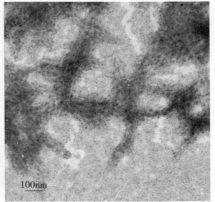

（a）双醛纳米纤维素　　　　　　　　　　（b）未改性纳米纤维素

图3-31　纳米纤维素的透射电镜图

（二）力学性能分析

　　该纳米纤维素自愈合水凝胶的压缩性能采用应力—应变曲线的形式体现。如图3-32所
示，对比不同羧甲基壳聚糖浓度及不同原料配比对水凝胶压缩性能的影响。在图3-32（a）
中，同样是6%浓度的羧甲基壳聚糖溶液原料，配比为1∶7时水凝胶的压缩模量最大，抗
压性能最好，1∶8配比的水凝胶次之，最差的是1∶6的配比；而图3-32（b）、图3-32（c）
中在同等羧甲基壳聚糖原料浓度条件下，在配比为1∶8时其压缩模量均最大。该数据体现

了在羧甲基壳聚糖原料浓度相等的情况下增加水凝胶中的羧甲基壳聚糖含量有助于提高水凝胶的抗压强度。而在图3-32（d）中，对比同原料配比不同羧甲基壳聚糖原料浓度的水凝胶的压缩性能可发现压缩模量的大小为：8%壳聚糖浓度>7%壳聚糖浓度>6%壳聚糖浓度。这说明水凝胶中含水量的降低有利于其抗压强度的提升。压缩强度的提升可归结于分子内部动态亚胺键的增强，氨基和醛基的化学交联使凝胶内形成紧密的交联点，从而增强水凝胶的抗压能力。

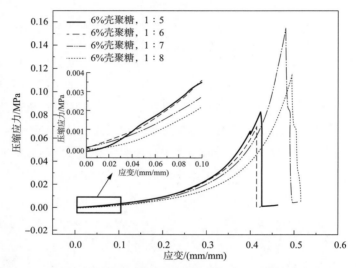

（a）6%壳聚糖原料浓度下不同原料配比的水凝胶的压缩性能曲线

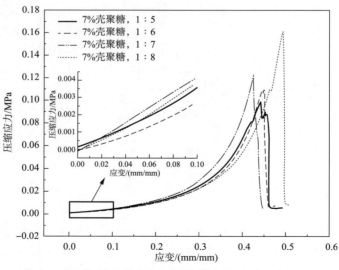

（b）7%壳聚糖原料浓度下不同原料配比的水凝胶的压缩性能曲线

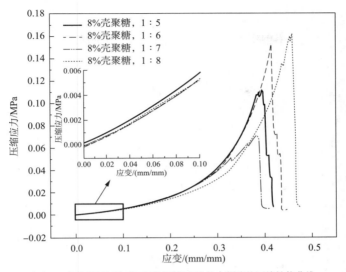

（c）8%壳聚糖原料浓度下不同原料配比的水凝胶的压缩性能曲线

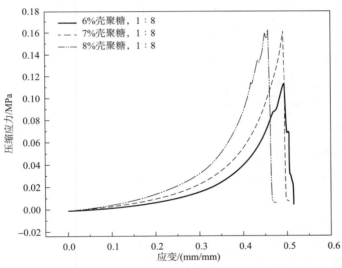

（d）原料配比为1:8情况下不同壳聚糖溶液浓度的水凝胶的压缩曲线

图3-32 不同壳聚糖和原料配比的水凝胶的压缩曲线

（三）傅里叶变换红外光谱分析

图3-33为各个不同浓度的纳米纤维素自愈合水凝胶、醛基纳米纤维素和羧甲基壳聚糖原料的FTIR谱图。分析羧甲基壳聚糖原料的FTIR谱图可知：在1024cm^{-1}和1068cm^{-1}处的峰是壳聚糖的—CO伸缩振动峰，在1600cm^{-1}和1419cm^{-1}处的峰是—COO的不对称和对称的伸缩振动峰，而在3400cm^{-1}处的宽峰则是氨基的伸缩振动和羟基的伸缩振动重叠的峰。而在水凝胶的FTIR谱图中：在1068cm^{-1}及1160cm^{-1}处的峰分别为纤维素中—CO

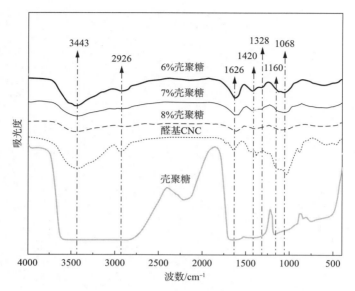

图3-33　原料配比为1∶8情况下不同羧甲基壳聚糖溶液浓度的
水凝胶、醛基CNC及羧甲基壳聚糖原料的FTIR谱图

的伸缩振动和—CC骨架的伸缩振动[39]，在3443cm⁻¹、2926cm⁻¹以及1626cm⁻¹处的峰则对应—OH的伸缩振动、亚甲基的—CH伸缩振动和—COO的伸缩振动峰，在1328cm⁻¹和1420cm⁻¹处则对应—CN的弯曲振动和—CH₃的对称变形，而在1670cm⁻¹处出现的新的吸收峰则是—CN的伸缩振动峰。对比水凝胶的吸收峰与壳聚糖的吸收峰可发现：水凝胶在3443cm⁻¹处的峰变得窄且弱，而在1670cm⁻¹处出现了新的吸收峰，这是由于双醛纳米纤维素的醛基与羧甲基壳聚糖的氨基之间发生了席夫碱反应生成动态亚胺键，从而导致氨基的伸缩振动峰消失。

（四）晶体结构分析

图3-34为各个不同浓度的纳米纤维素自愈合水凝胶醛基纳米纤维素和羧甲基壳聚糖原料的XRD谱图。由图3-34可知，壳聚糖在2θ=10.7°及20.8°时出现了较强的衍射峰，而水凝胶则在2θ=22.3°时出现较强的衍射峰，其主要为纳米纤维素的特征峰。壳聚糖在10.7°的特征峰之所以在与双醛纳米纤维素反应形成水凝胶后消失，是因为羧甲基壳聚糖中的氨基与双醛纳米纤维素中的醛基发生了席夫碱反应构成了动态亚胺键，从而导致其晶体结构遭到破坏，使衍射峰消失。按公式计算可得：壳聚糖的结晶度为63%，6%壳聚糖浓度、原料配比为1∶5的水凝胶的结晶度为17.7%，7%壳聚糖浓度、原料配比为1∶5的水凝胶的结晶度为16.3%，8%壳聚糖浓度、原料配比为1∶5的水凝胶的结晶度为15.8%。分析结晶度可知水凝胶中壳聚糖及纤维素含量越多其结晶度越小。这是因为有更多的壳聚糖中的氨基与双醛纳米纤维素中的醛基发生交联反应，使羧甲基壳聚糖的晶体结构被破坏得更加彻

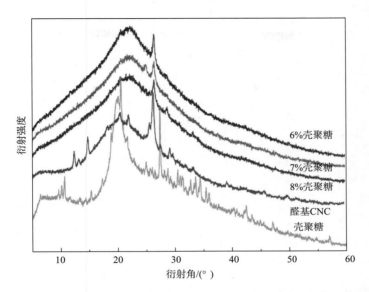

图3-34　原料配比为1∶8情况下不同壳聚糖溶液浓度的水凝胶、醛基CNC及羧甲
基壳聚糖原料的XRD谱图

底，分子间的氢键也被破坏更多[40]。

（五）热稳定性分析

图3-35为各个不同浓度的纳米纤维素自愈合水凝胶和羧甲基壳聚糖原料的热性能图。分析图3-35（a）可发现，当温度小于100℃时，水凝胶和壳聚糖的质量也有一定幅度的下降，这是因为样品受热而导致了水分的挥发，因而样品质量有所下降。而在图3-35（b）中，羧甲基壳聚糖原料受热而发生分解的起始温度为99℃，受热分解最大速率在270.7℃，分解终止温度为563℃，受热分解导致的质量损失为46.99%。配比为1∶8，壳聚糖浓度为6%、7%、8%的水凝胶的起始分解温度分别为99.6℃、110.3℃、103℃，受热分解最大速率分别处于272.8℃、282.5℃、282.5℃，终止分解温度为550.1℃、603.8℃、521.2℃，受热分解导致的质量损失为47.59%、48.91%、47.7%[41]。分析以上数据可发现：羧甲基壳聚糖的发生热分解的起始温度低于水凝胶发生热分解的初始温度，且当二者的热分解速率均最大时，壳聚糖的温度也是低于水凝胶的温度，这主要是由于改性后的双醛纳米纤维素和羧甲基壳聚糖之间的化学交联作用提高了水凝胶的热性能，其热稳定性会随着交联度的增大而提升[42]。

（六）自愈合性分析

宏观上，采用自我修复测试来验证该水凝胶的自愈合性能，过程如图3-36所示。分别制备两段同等浓度及配比的纳米纤维素自愈合水凝胶，其中一段凝胶中加入Rhodamine B

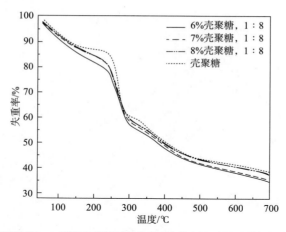

（a）原料配比为1：8情况下不同壳聚糖溶液浓度的水凝胶及壳聚糖原料的TG曲线

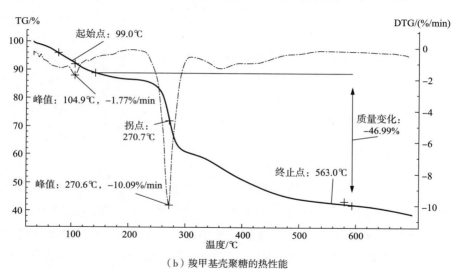

（b）羧甲基壳聚糖的热性能

（c）6%壳聚糖溶液且原料配比为1：8的水凝胶的热性能

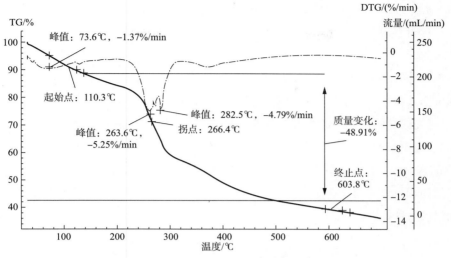

（d）7%壳聚糖溶液且原料配比为1:8的水凝胶的热性能

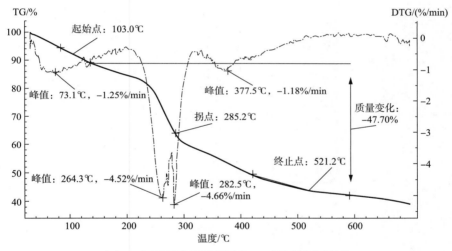

（e）8%壳聚糖溶液且原料配比为1:8的水凝胶的热性能

图3-35　原料配比为1:8时壳聚糖浓度不同的水凝胶和羧甲基壳聚糖的热性能

图3-36　宏观上的水凝胶自愈合性能的测试

（罗丹明B）作为指示剂。将两段水凝胶各切掉一小段，然后将其切口对应接触，用保鲜膜将其封闭起来以隔绝外界影响，在室温条件下放置1h，会发现二者之间的缺口重新愈合[43]。如图3-36所示，二者之间的颜色界限变得模糊，且四段凝胶均各自融合成有单一连接点的一段水凝胶。此外，重新自愈合后的水凝胶还可维持原有形状，并在水中浸泡后不会发生分裂，且弯折自愈合后的水凝胶其缺口并不会裂开，这表明了该水凝胶拥有较强的自愈合能力[44]。

图3-37是对自愈合前后的水凝胶的压缩模量进行测试及比较的结果的柱状图。通过图中数据可知：在醛基纳米纤维素和羧甲基壳聚糖溶液的配比为1∶8的条件下，由6%、7%、8%羧甲基壳聚糖溶液制成的水凝胶自愈合前后的压缩模量的变化率分别为6.8%、3.7%与12.4%，三者的自修复效率分别为93.2%、96.3%与87.6%，其中壳聚糖溶液浓度为7%配比为1∶8的水凝胶的自修复效率最高，其自愈合性能最好[45]。总体来看，自愈合后水凝胶的压缩模量相较自愈合前均有所降低，但变化并不大，均在13%以内，说明该水凝胶的自愈合性能仍较为良好[46]。

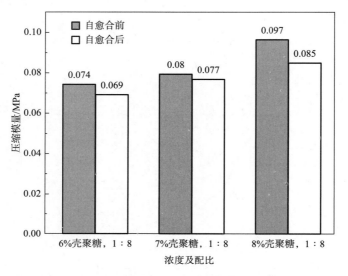

图3-37　自愈合前后的水凝胶的压缩模量对比图

壳聚糖/纳米纤维素导电自愈合凝胶

导电水凝胶结合了水凝胶的柔性特征及导电材料的电学性能，在电子皮肤、柔性传感器、新能源电池等领域具有潜在的应用前景[47]。作为导电介质之一的导电聚合物由于其具有可调的导电性能而被深入研究和广泛应用[48, 49]，但其不可降解性和非环境友好性仍是其一大缺陷。因此，开发生物相容性好、可生物降解的导电水凝胶成为该领域的研究热点之一。

以壳聚糖/双醛纳米纤维素制备复合自愈合导电水凝胶，利用壳聚糖中大量的氨基和双醛纳米纤维素中的活性醛基之间的席夫碱键作用实现凝胶的自愈合性能。在壳聚糖和PVA协同支撑和保护凝胶网络的作用下，选择添加纳米金以强化凝胶的导电能力，同时提高凝胶的力学性能。成功构建了可生物降解、生物相容性好、耐用性高、导电性强的自愈合导电水凝胶，为天然高分子导电凝胶材料的开发提供了一种可行的策略。

一、壳聚糖/纳米纤维素导电自愈合凝胶的构建

首先取一定量的聚乙烯醇固体放入冷凝回流装置中并放入一定量的水，加热2h后取出静置，制得4%聚乙烯醇溶液。之后取4.267g的5.86%双醛纳米纤维素溶液、16.7g的3%壳聚糖和18.75g的4%PVA溶液，将PVA溶液在磁力搅拌下缓慢滴加到壳聚糖溶液中，滴加之后把溶液冷却至室温，和纤维溶液混合静置，制得壳聚糖/双醛纳米纤维素复合凝胶。

二、结果与分析

（一）形貌分析

根据羧甲基壳聚糖/双醛纳米纤维素复合膜的SEM谱图（图3-38）所示，四处散落的凝胶单体互相胶黏形成一个网状结构，表明基材PVA溶液的添加，能够使其充分均匀地发生反应。胶黏体间的空隙小，这表明羧甲基壳聚糖中的氨基和双醛纳米纤维素中的醛基之间有稳定的结构。图3-39为壳聚糖的SEM谱图，可以看出大部分壳聚糖单体由于团聚现象胶黏在一起形成块状结构，呈现出扁平状，从而导致单纯壳聚糖制备的凝胶具有"软"这一大特点[50]。

由形貌分析可知基材PVA可促进两种原料互相作用，并与羧甲基壳聚糖和双醛纳米纤维素有着较好的相容性。羧甲基壳聚糖和双醛纳米纤维素也会形成一个稳定的结构。

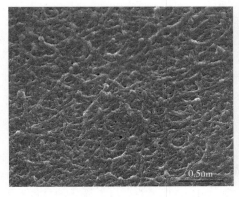

图3-38 壳聚糖/纤维素复合膜SEM

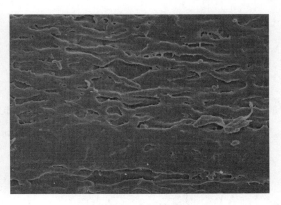

图3-39 壳聚糖SEM

（二）傅里叶变换红外光谱分析

采用傅里叶变换红外光谱表征论证纤维素通过机械法醛基化的过程和复合凝胶自修复后的差别。如图3-40所示，三个样品的吸收峰位置相同，没有太大的偏差，出现峰值的区域在400~3500cm⁻¹之内。三个样品在3440cm⁻¹左右均存在较强的吸收峰，这是氢氧键（—OH）的伸缩振动导致的[51]。其中醛基化的纳米纤维素相对峰值最高，自愈合材料次之，说明醛基化的纳米纤维素表露出的氢氧键最多，自愈合后的材料次之。在2933cm⁻¹的吸收峰为碳氢键（C—H）的伸缩振动；1650cm⁻¹和1730cm⁻¹则对应碳氧双键（C＝O）伸缩振动；在1030cm⁻¹、1050cm⁻¹、1060cm⁻¹位置的吸收峰均为碳氧键（C—O）伸缩振动导致的[52]。谱图中醛基化后的纳米纤维素在这三处波段的吸收峰有明显的变化，这是由于在球磨处理后纤维素中的羧基部分被醛化，破坏了内部氢氧键（—OH），减少了其氢键的自身作用。而自愈合的样品只在1650cm⁻¹处的波峰有明显的变化，说明其材料中动态席夫碱键的形成。

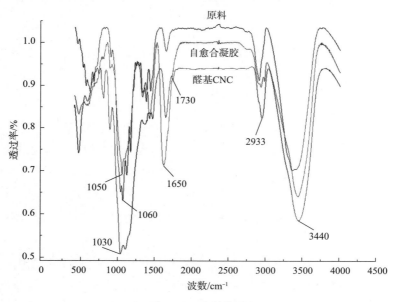

图3-40　红外光谱

（三）流变性能分析

图3-41（a）、图3-41（c）分别是壳聚糖复合纳米金导电凝胶关于PVA加入量不同时的储能模量（G'）和损耗模量（G''）与频率的关系曲线。图3-41（b）、图3-41（d）分别是羧甲基壳聚糖/双醛纳米纤维素复合凝胶不同摩尔比投加时的储能模量（G'）和损耗模量（G''）与频率的关系曲线。

如图3-41（a）、图3-41（b）所示，不同PVA和壳聚糖含量的羧甲基壳聚糖/双醛纳米纤维素复合凝胶样品大多都表现为非线性分布。随着频率的增大，每份样品的储能模量也会稍有增加。在扫描频率为8Hz时，储能模量会有所降低。该壳聚糖复合凝胶的储能模量会随着PVA加入量的增多呈现出先增后减的趋势，而其随着壳聚糖投加比例的增大亦呈现同样的趋势。这可能是由于壳聚糖中的氨基和双醛纳米纤维素中的醛基发生了相互作用，增强了凝胶的机械性能，但是过量的壳聚糖会导致凝胶内部结构趋向于聚集和分散，使其力学性能降低。同时，PVA的加入使双醛纳米纤维素具有更高的相容性，提高了复合凝胶的稳定性。鉴于对凝胶的稳定性和机械强度的考量，分析结果表明当控制PVA加入量

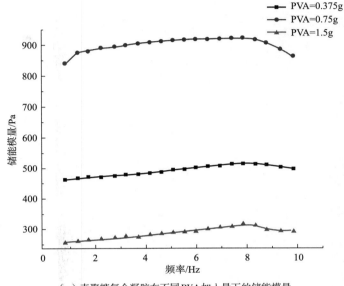

（a）壳聚糖复合凝胶在不同PVA加入量下的储能模量

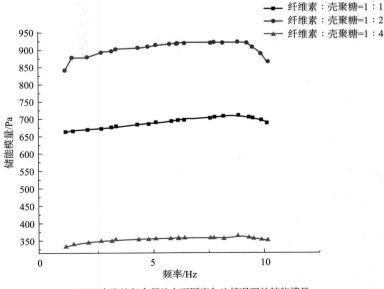

（b）壳聚糖复合凝胶在不同摩尔比情况下的储能模量

图3-41

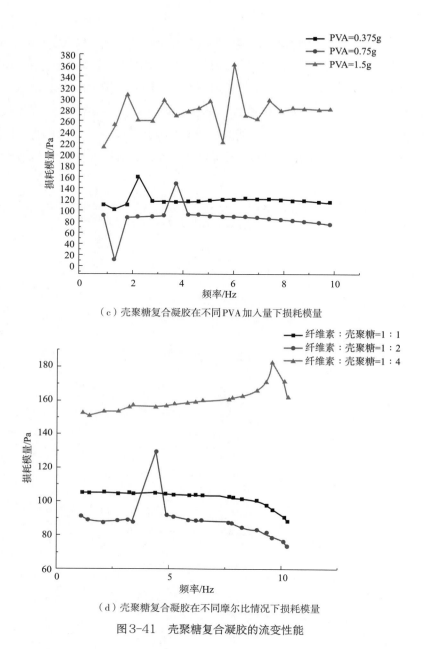

（c）壳聚糖复合凝胶在不同PVA加入量下损耗模量

（d）壳聚糖复合凝胶在不同摩尔比情况下损耗模量

图3-41　壳聚糖复合凝胶的流变性能

为0.75g，双醛纳米纤维素和羧甲基壳聚糖的摩尔比为1∶2时，可以使材料获得最佳的稳定性，此时凝胶的储能模量达到了最高值923Pa。

（四）力学性能分析

壳聚糖复合纳米金导电凝胶材料的压缩强度—应变曲线如图3-42所示。由图3-42可知，所制备的自愈合凝胶的应变屈服区间为40%~60%，这说明了此自修复材料都具有良好的弹性性能。复合凝胶的压缩强度随着基材PVA含量的增多和壳聚糖比例的增大而呈先增后减的趋势，当PVA含量为0.75g，纤维素和壳聚糖的摩尔比为1：2时，达到最大的压缩强度1.2MPa。

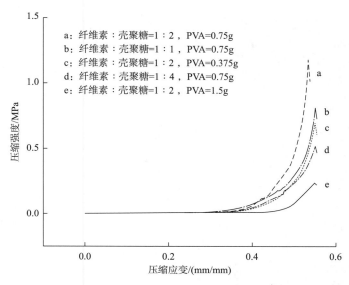

图3-42　羧甲基壳聚糖／双醛纳米纤维素自修复材料的压缩强度—应变曲线

图3-43和图3-44所示的是羧甲基壳聚糖／双醛纳米纤维素自修复复合凝胶在不同条件下测得的杨氏模量的变化。随着基材PVA和壳聚糖含量的增多，杨氏模量也呈现出先增后减的状态，这与流变性能测试的结果是一致的。当纤维素和壳聚糖的摩尔比为1：2和基材PVA的加入量为0.75g时，样品的杨氏模量达到最大值。此时纳米纤维素中的醛基和羧甲基壳聚糖中的氨基会结合成良好的动态席夫碱键交联，达到一定的交联作用。而PVA的存

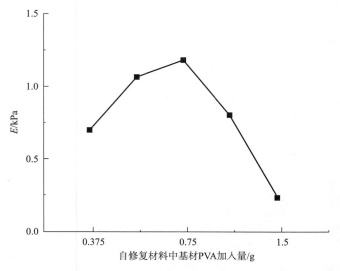

图3-43　不同PVA含量的羧甲基壳聚糖／双醛纳米纤维素自修复材料的杨氏模量变化曲线

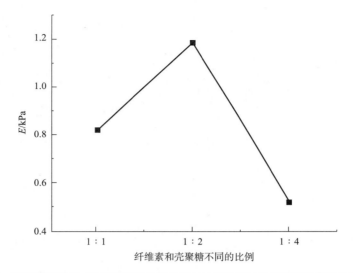

图3-44 羧甲基壳聚糖/双醛纳米纤维素自修复材料在不同比例下杨氏模量的变化曲线

在使此复合材料的结构更为紧密,克服了单纯壳聚糖或者纳米纤维素的软性和脆性特点。

(五)自愈合性和可注射性分析

为了测试壳聚糖复合纳米金导电凝胶材料的自修复能力,采用如下方法(图3-45):在常温状态下,制备两个完全相同的心形复合凝胶材料,在其成型后从心形中间切开,切开后拼接成两个完整的心形柱体复合凝胶材料,经过1h,两个凝胶即可融合在一起达到自修复效果。这是由于羧甲基壳聚糖具有一个很重要的特点,那就是伯氨基含量丰富,可以与双醛纳米纤维素中的醛基反应,形成动态可逆的席夫碱键,这种键很容易被破坏和重新形成,使复合凝胶能够快速自我修复。所以当其复合凝胶在受到外力破坏或者损毁时,通过将其损毁部分放置在一起,一段时间后便可恢复至原始状态。基于其良好的自修复能力、无毒性和可降解性,制备成的羧甲基壳聚糖/双醛纳米纤维素复合凝胶可在医药、生物、精细化工中扩展应用。

以图3-46中展示的方法来测试复合材料的可注射能力:在常温状态下,准备两个注射器,分别在注射器内加入制备好的羧甲基壳聚糖溶液和双醛纳米纤维素溶液。之后在烧杯里同时注射,即可形成羧甲基壳聚糖/双醛纳米纤维素复合凝胶。

图3-45 自愈合性能

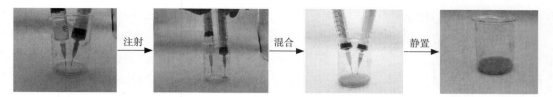

图3-46　可注射性能

（六）导电性能分析

使用一个简单的电路（由一个蓝色二极管和一个3V的电池作为电源组成，如图3-47所示）测试自愈合材料的导电性能。首先，利用四探头电阻率仪测得了无添加导电离子的电阻率是114.18Ω·m；其次，向凝胶中添加导电离子纳米金溶液来增强其导电性，测得其电阻率为39.3Ω·m。通过比较可知，纳米金的掺入显著提高了自愈合复合凝胶的导电性能。

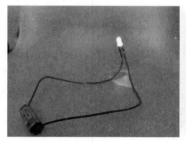 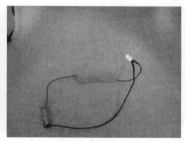

正常情况下　　　　　　　　　　　　　插入凝胶

图3-47　导电水凝胶导电实验

参考文献

[1] VAN VLIERBERGHE S, DUBRUEL P, SCHACHT E. Biopolymer-based hydrogels as scaffolds for tissue engineering applications: a review[J]. Biomacromolecules, 2011, 12(5): 1387–1408.

[2] CHENG B, YAN Y, QI J, et al. Cooperative assembly of a peptide gelator and silk fibroin afford an injectable hydrogel for tissue engineering[J]. ACS Applied Materials & Interfaces, 2018, 10(15): 12474–12484.

[3] LI Z, ZHANG S, CHEN Y, et al. Gelatin methacryloyl-based tactile sensors for medical wearables[J]. Advanced Functional Materials, 2020, 30(49): 2003601.

[4] HOARE T R, KOHANE D S. Hydrogels in drug delivery: progress and challenges[J]. Polymer, 2008, 49(8): 1993–2007.

[5] LIU S, KANG M, LI K, et al. Polysaccharide-templated preparation of mechanically-tough, conductive

and self-healing hydrogels[J]. Chemical Engineering Journal, 2018(334): 2222–2230.

[6] ZHANG Y, TAO L, LI S, et al. Synthesis of multiresponsive and dynamic chitosan-based hydrogels for controlled release of bioactive molecules[J]. Biomacromolecules, 2011, 12(8): 2894–2901.

[7] WEI Z, YANG J H, LIU Z Q, et al. Novel biocompatible polysaccharide-based self-healing hydrogel[J]. Advanced Functional Materials, 2015, 25(9): 1352–1359.

[8] LI Q, LIU C, WEN J, et al. The design, mechanism and biomedical application of self-healing hydrogels[J]. Chinese Chemical Letters, 2017, 28(9): 1857–1874.

[9] KANG H W, TABATA Y, IKADA Y. Fabrication of porous gelatin scaffolds for tissue engineering[J]. Biomaterials, 1999, 20(14): 1339–1344.

[10] ALI E, SULTANA S, HAMID S B A, et al. Gelatin controversies in food, pharmaceuticals, and personal care products: authentication methods, current status, and future challenges[J]. Critical Reviews in Food Science and Nutrition, 2018, 58(9): 1495–1511.

[11] Liu D, NIKOO M, BORAN G, et al. Collagen and gelatin[J]. Annual Review of Food Science and Technology, 2015(6): 527–557.

[12] KLEMM D, CRANSTON E D, FISCHER D, et al. Nanocellulose as a natural source for groundbreaking applications in materials science: today's state[J]. Materials Today, 2018, 21(7): 720–748.

[13] HABIBI Y. Key advances in the chemical modification of nanocelluloses[J]. Chemical Society Reviews, 2014, 43(5): 1519–1542.

[14] DA SILVA L C E, CASSAGO A, BATTIROLA L C, et al. Specimen preparation optimization for size and morphology characterization of nanocellulose by TEM[J]. Cellulose,2020,27(9): 5435–5444.

[15] 孙沛然. 高静压对玉米淀粉颗粒结构的影响 [D]. 北京：中国农业大学, 2015.

[16] 蓝丽, 钟明良, 倪海明, 等. 双醛纤维素的性质及应用 [J]. 大众科技, 2013, 15(5): 82–84.

[17] 魏丹丹. 抗菌性纳米双醛微纤化纤维素/明胶复合水凝胶的研究 [D]. 郑州：郑州大学, 2019.

[18] GE W, CAO S, SHEN F, et al. Rapid self-healing, stretchable, moldable, antioxidant and antibacterial tannic acid-cellulose nanofibril composite hydrogels[J]. Carbohydrate Polymers, 2019(224): 115147.

[19] LIU H, SUI X, XU H, et al. Self-healing polysaccharide hydrogel based on dynamic covalent enamine bonds[J]. Macromolecular Materials and Engineering, 2016, 301(6): 725–732.

[20] KWAK H W, LEE H, PARK S, et al. Chemical and physical reinforcement of hydrophilic gelatin film with di-aldehyde nanocellulose[J]. International Journal of Biological Macromolecules, 2020(146): 332–342.

[21] TAYLOR D L, IN HET PANHUIS M. Self-healing hydrogels[J]. Advanced Materials, 2016,28(41)：9060–9093.

[22] SINAWANG G, OSAKI M, TAKASHIMA Y, et al. Biofunctional hydrogels based on host-guest interactions[J]. Polymer Journal, 2020, 52(8): 839–859.

[23] 何晓燕, 师文玉, 韩慧敏, 等. 葫芦 [n] 脲超分子水凝胶的研究进展 [J]. 化学通报, 2021, 84(7):

669−679.

[24]LI S, LU H Y, SHEN Y, et al. A stimulus-response and self-healing supramolecular polymer gel based on host–guest interactions[J]. Macromolecular Chemistry and Physics, 2013, 214(14): 1596−1601.

[25]裴莹，张俐娜，王慧媛，等. 纤维素/明胶复合膜的超分子结构与性能[J]. 高分子学报，2011(9)：1098−1104.

[26]张鸿鑫，鲁路，李立华，等. 海藻酸动态共价交联水凝胶的制备及其自愈合性能[J]. 高分子学报，2016(3)：368−374.

[27]SHARMA A K, KAITH B S, SHREE B. Borax mediated synthesis of a biocompatible self-healing hydrogel using dialdehyde carboxymethyl cellulose-dextrin and gelatin[J]. Reactive and Functional Polymers, 2021(166)：104977.

[28]KLEMM D, SCHUMANN D, UDHARDT U, et al. Bacterial synthesized cellulose-artificial blood vessels for microsurgery[J]. Progress in Polymer Science, 2001, 26(9)：1561−1603.

[29]任海伟，李金平，张轶，等. 白酒丢糟制备微晶纤维素工艺优化及结构特性[J]. 现代食品科技，2013(10)：143−150.

[30]MORÁN J I, ALVAREZ V A, CYRAS V P, et al. Extraction of cellulose and preparation of nanocellulose from sisal fibers[J]. Cellulose, 2008, 15(1): 149−159.

[31]蒋玲玲，陈小泉. 纳米纤维素晶体的研究现状[J]. 纤维素科学与技术，2008(2)：73−78.

[32]MÜNSTER L, VÍCHA J, KLOFÁČ J, et al. Stability and aging of solubilized dialdehyde cellulose[J]. Cellulose, 2017, 24(7): 2753−2766.

[33]LEE H, YOU J, JIN H J, et al. Chemical and physical reinforcement behavior of dialdehyde nanocellulose in PVA composite film: a comparison of nanofiber and nanocrystal[J]. Carbohydrate Polymers, 2020(232): 115771.

[34]PEÑA C, DE LA CABA K, ECEIZA A, et al. Enhancing water repellence and mechanical properties of gelatin films by tannin addition[J]. Bioresource Technology, 2010, 101(17): 6836−6842.

[35]LE GOFF K J, GAILLARD C, HELBERT W, et al. Rheological study of reinforcement of agarose hydrogels by cellulose nanowhiskers[J]. Carbohydrate Polymers, 2015(116): 117−123.

[36]FELIX G, REGENASS M, BOLLER T. Sensing of osmotic pressure changes in tomato cells[J]. Plant Physiology, 2000, 124(3): 1169−1180.

[37]GUAN S, ZHANG K, CUI L, et al. Injectable gelatin/oxidized dextran hydrogel loaded with apocynin for skin tissue regeneration[J]. Materials Science and Engineering: C, 2021: 112604.

[38]NIETO-SUÁREZ M, LÓPEZ-QUINTELA M, LAZZARI M. Preparation and characterization of crosslinked chitosan/gelatin scaffolds by ice segregation induced self-assembly [J]. Carbohydrate Polymer, 2016, 141(5): 175−183.

[39]盛超. 壳聚糖基纳米纤维素增强席夫碱型水凝胶的制备和性能研究[D]. 杭州：浙江理工大学，

2017.

[40]陈雪鋆，吕琛，范茗，等．智能磁力驱动自愈合水凝胶的制备及性能研究[J]．生物加工过程，2018，16(5)：71−79．

[41]CHEN Y M, GONG J P, OSADA Y. Gel:a potential material as artificial soft tissue [J]. Wiley-VCH Verlag GmbH & Co.KGaA, 2011: 2689−2717.

[42]ZHANG Y F, DENG G H. Self-healing polymer gels based on dynamic covalent bonds [J]. Chemical Industry And Engineering Progress, 2012, 31(10): 2239−2244.

[43]ZHANG Y L, YANG B, XU L X, et al. Self-healing hydrogels based on dynamic chemistry and their biomedical applications [J]. Acta Chimica Sinica, 2013, 71(4): 485−492.

[44]HAGER M D, GREIL P, LEYENS C, et al. Self-healing materials [J]. Advanced Material, 2010, 22(47): 5424−5430.

[45]LEE K Y, MOONEY D J. Hydrogels for tissue [J]. Engineering Chemical Reviews, 2001(101): 1869−1879.

[46]HOFLHLAN A. Hydrogels for biomedical applieations [J]. Advanced Drug Delivery Reviews, 2002(54): 3−12.

[47]RONG Q, LEI W, LIU M. Conductive hydrogels as smart materials for flexible electronic devices[J]. Chemistry A European Journal, 2018, 24(64): 16930−16943.

[48]王思恒，杨欣欣，刘鹤，等．导电水凝胶的制备及应用研究进展[J]．化工进展，2021，40(5)：2646−2664．

[49]贾园，杨菊香，师瑞峰，等．导电高分子材料制备及应用研究进展[J]．工程塑料应用，2021，49(2)：167−171．

[50]雷宏宇，范雪荣，王强，等．壳聚糖—透明质酸复合凝胶的制备[J]．化工进展，2014，33(9)：2398−2402．

[51]FORTUNATI E, PUGLIA D, LUZI F, et al. Binary PVA bio-nanocomposites containing cellulose nanocrystals extracted from different natural sources: Part I[J]. Carbohydrate Polymers, 2013, 97(2): 825−836.

[52]王宝玉，李荣，曾锦豪，等．高碘酸盐氧化纤维素与双醛纤维素衍生反应及应用研究进展[J]．合成材料老化与应用，2020，49(4)：127−130，84．

第四章

荧光纳米复合纤维

荧光膜作为功能材料，在显示器、发光器件、安全标志和传感器方面具有广泛的应用。近年来，研究者们通常采用金属基量子点作为发光材料与聚合物复合制备荧光膜。然而，金属含量阻碍了它们在某些领域的应用，尤其是生物医学领域，沉积的量子点对环境也会造成一定的影响，而且成本较高。因此，采用碳基材料制备荧光复合膜材料，尤其是全碳荧光复合材料是很有意义的，也是很有必要的。目前，荧光性能与金属基量子点相当的碳点（carbon dots，CDs）或石墨烯量子点受到了广泛关注[1]。碳点是由碳纳米粒子组成的直径小于10nm的荧光碳纳米材料。碳点因具有荧光可调性、水溶性和物理化学性质稳定性等优良特性而备受青睐。碳点不仅具备传统金属基量子点优异的荧光性能，还兼具碳材料良好的生物相容性和无毒性，其独特的化学传感[2]、药物传递[3]、光催化[4]、生物成像和生物传感等功能[5]，使其有望成为传统半导体量子点的取代者。在复合膜体系中加入具有水溶性及生物相容性的碳点，可赋予超分子复合膜以荧光性，进一步扩展超分子复合膜的应用前景。

第一节　水热法合成壳聚糖碳点

水热法是将碳源的水溶液密封于高温高压反应釜中，在马弗炉、微波炉、微波水热平行仪、烘箱等加热装置作用下升温至一定温度进行水热碳化，从而得到水溶性碳点。本节中，采用一步水热法合成壳聚糖（chitosan，CTs）碳点。对影响壳聚糖碳点发光性能的水热温度、水热时间、壳聚糖溶解浓度进行考察，得到较佳的壳聚糖碳点的制备工艺，并对壳聚糖碳点的光学性质、化学结构、晶体结构、形貌结构等进行表征分析。

一、壳聚糖碳点的制备

水热法合成碳点的反应机理如图4-1所示。准确称取一定质量的壳聚糖充分溶解在1%的醋酸溶液（50mL）中，将溶液转移到100mL聚四氟乙烯内胆中，充入氮气排出容器内的空气，密封于高温高压反应釜中，在室温下放入烘箱中，待温度达到所需温度时开始计时，即为水热时间。反应结束后，待反应釜自然冷却至室温取出，将获得的混合物通过高速（10000r/min）离心0.5h分离黄棕色的产物，然后将上清液先后通过0.45μm和0.2μm的

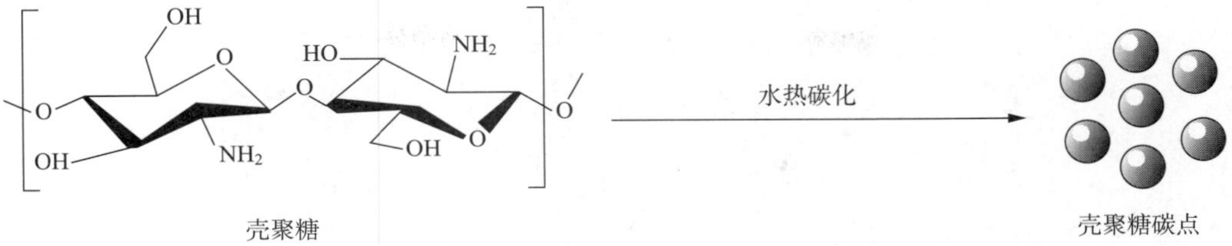

壳聚糖　　　　　　　　　　　　　　　　　　　　　　　壳聚糖碳点

图4-1　水热法制备壳聚糖碳点的示意图

水系滤膜除去大颗粒杂质，将每组碳点溶液样品用旋转蒸发仪浓缩至相同体积。取适量碳点溶液于结晶皿中，放入真空干燥箱中干燥72h，析出的固体即为壳聚糖碳点。

二、结果与分析

（一）光学性能分析

壳聚糖碳点的量子产率（quantum yield，Q）通过参比法[6, 7]计算。用溶解于0.1mol/L H_2SO_4 溶液的硫酸奎宁（文献参考值 Q_s=0.54）作为标准来测定，分别对参比物和壳聚糖碳点溶液的荧光发射光谱、紫外吸收光谱进行扫描，壳聚糖碳点的相对量子产率通过公式（4-1）计算：

$$Q_x = Q_s \times \frac{F_u}{F_x} \times \frac{A_s}{A_x} \qquad (4-1)$$

式中：Q表示量子产率；F表示激发波长 E_x=335nm时，发射光谱的峰面积；A代表了波长335nm处样品的吸光度；下标s和x分别代参比物和待测样品。

图4-2和图4-3分别显示了稀释前后的碳点溶液在自然光下和波长365nm的紫外灯照射下的宏观形貌（本章中紫外灯照射下的碳点溶液均采用暗箱式三用紫外分析仪中365nm的紫外灯进行拍摄成像）。选取水热温度200℃，水热时间9h，壳聚糖溶解度2%的碳点溶液样品，通过肉眼观察紫外灯下（紫外线由上往下照射）和自然光下碳点溶液的形貌。由图4-2可知，在自然光下，未稀释的碳点溶液呈棕褐色，稀释后的碳点溶液呈透明、清晰的淡黄色液体。紫外线照射下的碳点溶液产生荧光效应，碳点溶液表面在紫外线的照射下有一层强荧光，而稀释后的碳点溶液则整瓶发出强荧光。分析其原因，未稀释的碳点溶液，其碳点在水中的分布密集，导致紫外光未能完全穿透液体只在表面产生激发效应而产生荧光，液面以下被表层密集的碳点纳米颗粒阻隔，未受到紫外光的照射，所以没有产生激发效应。稀释后的碳点溶液在UV激发下显示出强烈的蓝色发光，瓶身呈均匀的发光态，可见稀释50倍后的碳点溶液仍有很强的荧光效应。尝试用直接制得的碳点溶液进行紫外吸收光谱的扫描，吸收峰不明显，因此以下均采用稀释50倍的碳点溶液进行分析讨论（以下

图4-2　自然光下和紫外灯照射下的碳点溶液的照片（E_x=365nm）

图4-3　稀释50倍后的碳点溶液在自然光下和紫外灯照射下的照片（E_x=365nm）

分析过程中称为"碳点溶液"）。

采用紫外分光光度计对碳点溶液进行波长扫描，得到的吸收光谱如图4-4所示。碳点的光学性质显示出以292nm为中心的强紫外—可见吸收特征，与Yang等[8]报道的相似。CD在紫外光下显示明亮的蓝色荧光，量子产率约为32.86%。

如图4-5所示为碳点溶液在不同激发波长下（270~335nm）的发射谱图。采用荧光分光光度计对碳点溶液进行波长扫描，激发波长从270nm到400nm，每间隔5nm记录一次发射波谱，发射波长范围设置为350~650nm。设置扫描参数：激发狭缝和发射狭缝均为5nm，扫描速率240nm/min，电压600V，扫描频率40Hz，得到如图4-5所示的发射谱图。发射光谱伴随着激发波长发生变化的现象与Sun等[9]人报道的相似。表面钝化可能在碳纳米颗粒表面产生缺陷位点，荧光发射是由缺陷捕获的电子的辐射复合引起的[10]。笔者认为，碳纳米颗粒的形成及其表面功能化在热液碳化过程中同时发生。丰富的官能团（如羧酸和氨基），可以在表面引入不同的缺陷，充当激发能量空穴并导致不同的荧光特性。从波谱中可以得到，最大荧光强度对应的最佳激发为335nm，最佳发射波长为410nm。

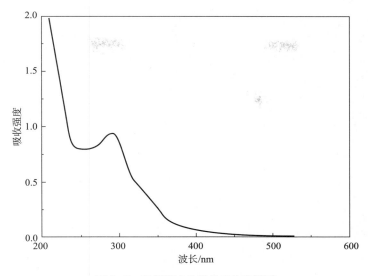

图4-4　碳点溶液的紫外吸收光谱图

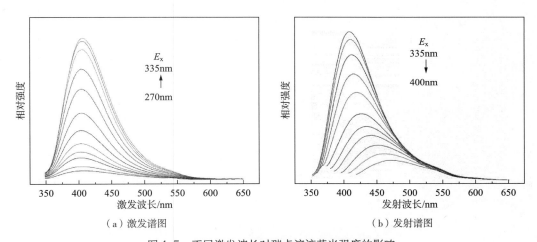

（a）激发谱图　　　　　　　　　　（b）发射谱图

图4-5　不同激发波长对碳点溶液荧光强度的影响

如图4-6所示为碳点溶液在最佳激发波长（335nm）扫描下的发射谱图和最佳发射波长（410nm）扫描下的激发谱图。对碳点溶液进行波长扫描，记录激发波长335nm时的发射谱图，设置发射波长范围350~650nm；记录发射波长410nm时的激发谱图，激发波长范围295~370nm，得到图4-6的荧光谱图。由图可知激发和发射峰之间存在较大的能量差异，表明CDs具有半导体能带。

（二）实验因素分析

在最佳激发波长（335nm）和最佳发射波长（410nm）下，分别对不同条件下制备的碳点溶液（样品均稀释相同倍数后进行检测）进行波长扫描，记录激发谱图和发射谱图，

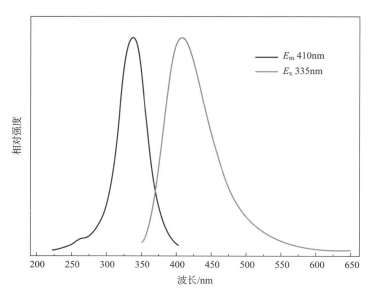

图4-6 碳点的发射谱图和激发谱图（E_x=335nm，E_m=410nm）

考察碳点的荧光性能及其荧光强度的变化趋势。通过壳聚糖碳点量子产率的计算、荧光强度分析，对反应过程中的水热温度、水热时间、壳聚糖溶解浓度等因素进行考察，探索壳聚糖碳点的较佳制备工艺。

1. 水热温度对壳聚糖碳点荧光强度的影响

在壳聚糖浓度为2%，水热时间9h的条件下，观察碳点溶液的量子产率、荧光强度随不同水热温度的变化趋势。如图4-7显示了不同水热温度的碳点溶液在紫外灯照射下的荧光现象。由图可观察到，水热温度较低时（160℃、180℃）的碳点溶液的荧光强度明显弱于水热温度较高（200℃、220℃、240℃）的碳点溶液。

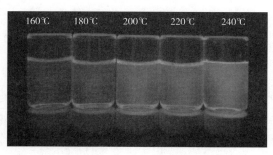

图4-7 不同水热温度的碳点溶液在紫外灯照射下的照片（E_x=365nm）（见文后彩图2）

图4-8为不同水热温度的碳点溶液的激发谱图和发射谱图。碳点溶液的激发谱图和发射谱图均呈现相同规律：随水热温度的升高，荧光强度呈现先增加后降低的趋势。当水热温度达到200℃时，荧光强度达到最大值，继续升高温度荧光强度开始降低，且水热温度160℃、180℃表现出比水热温度220℃、240℃更弱的荧光峰，这与紫外分析仪观察的现象

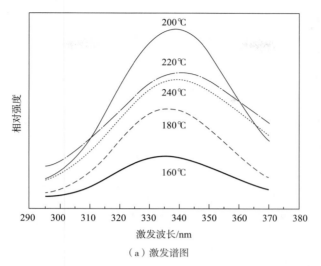

（a）激发谱图

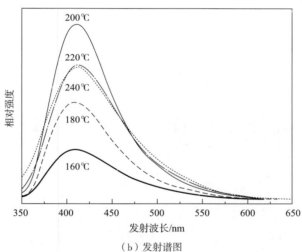

（b）发射谱图

图4-8　不同水热温度下碳点溶液的激发谱图和发射谱图（E_x=335nm，E_m=410nm）

相符合。

　　如表4-1所示为不同水热温度的碳点溶液的量子产率。由表可知，碳点的量子产率随着温度的升高呈现先升高后降低的趋势。水热温度为200℃时，碳点的量子产率达到最高值32.86%，继续升高温度量子产率下降。

表4-1　不同水热温度的碳点溶液的量子产率

序号	反应温度/℃	QY/%
1	160	7.02
2	180	17.98

序号	反应温度/℃	QY/%
3	200	32.86
4	220	27.59
5	240	22.73

当水热温度达到200℃时，量子产率、荧光强度达到最大值，继续升高温度，二者呈下降趋势。这是由于温度较低，壳聚糖颗粒的热碳化程度不够，导致碳化颗粒量减少，荧光强度较弱，量子产率较小，但是温度过高，导致更多的壳聚糖颗粒过度碳化，激发态碳点颗粒减少所以荧光强度降低。

2. 水热时间对壳聚糖碳点荧光强度的影响

在壳聚糖浓度为2%，水热温度200℃的条件下，观察碳点溶液的量子产率、荧光强度随不同水热时间的变化趋势。如图4-9所示，显示了不同水热时间的碳点溶液在紫外灯照射下的荧光形貌。由图可观察到，水热时间为6h时碳点溶液的荧光强度明显弱于水热时间（9h、12h、15h、18h）较长的碳点溶液。

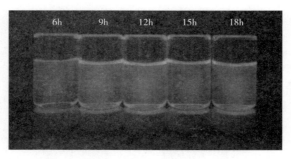

图4-9　不同水热时间的碳点溶液在紫外灯照射下的照片（E_x=365nm）（见文后彩图3）

图4-10为不同水热时间的碳点溶液的激发谱图和发射谱图。碳点溶液的激发谱图和发射谱图均呈现相同规律：荧光强度随水热时间的延长呈现先增加后缓慢降低的趋势。当水热时间从6h增加到9h时，碳点溶液的荧光强度的增加速率达到最大。当水热时间9h时，荧光强度达到最大值，继续延长水热时间荧光强度开始缓慢降低。水热时间6h时碳点溶液的荧光峰强度最弱，这与紫外分析仪观察的现象符合（参见图4-9）。

如表4-2所示为不同水热时间的碳点溶液的量子产率。由表可知，碳点的量子产率随着时间的延长呈现先上升后缓慢下降的趋势。水热时间为9h，碳点溶液的量子产率达到最高值32.86%。继续延长时间，量子产率大小未发生显著变化。

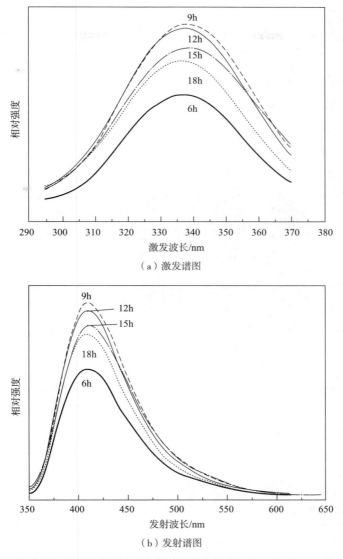

（a）激发谱图

（b）发射谱图

图4-10　不同水热时间下碳点溶液的激发谱图和发射谱图（E_x=335nm，E_m=410nm）

表4-2　不同水热时间的碳点溶液的量子产率

序号	水热时间/h	QY/%
1	6	21.82
2	9	32.86
3	12	31.32
4	15	30.18
5	18	29.63

壳聚糖碳点溶液的量子产率、荧光强度随水热时间的延长，呈现先增加后缓慢降低的趋势。这是由于较短的水热时间热碳化程度较低，大部分的壳聚糖颗粒仍处于未碳化状态或碳化程度不够，未能被紫外光激发，时间较长，部分已形成碳点的颗粒继续受热碳化形成没有荧光性能的普通碳单质。

3. 壳聚糖溶解浓度对碳点荧光强度的影响

在水热温度200℃，水热时间9h的条件下，观察碳点溶液的量子产率、荧光强度随不同壳聚糖浓度的变化趋势。如图4-11所示为不同壳聚糖溶解浓度的碳点溶液在紫外灯照射下的宏观形貌。由图可观察到，壳聚糖浓度1%的碳点溶液荧光强度最弱。

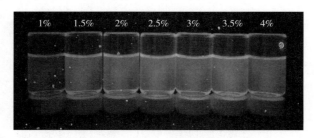

图4-11　不同壳聚糖溶解浓度的碳点溶液在紫外灯照射下的照片（E_x=365nm）（见文后彩图4）

如表4-3所示为不同壳聚糖溶解浓度的碳点溶液的量子产率。由表可知，碳点的量子产率随壳聚糖溶解浓度的升高呈现先增加后减少的趋势。壳聚糖浓度从1%增加到2%时，量子产率增加速率最大。壳聚糖浓度为2%~3.5%时，量子产率持续增加，但是增幅不明显。壳聚糖浓度为3.5%时，碳点溶液的量子产率达到最高值34.64%，继续增加壳聚糖浓度，量子产率开始减小。

表4-3　不同壳聚糖浓度的碳点溶液的量子产率

序号	溶解浓度/%	QY/%
1	1	20.36
2	1.5	25.52
3	2	32.86
4	2.5	33.80
5	3	34.14
6	3.5	34.64
7	4	32.51

壳聚糖碳点溶液的量子产率、荧光强度随壳聚糖浓度的增加，呈现先增加后缓慢降低的趋势。当壳聚糖浓度为3.5%时，碳点溶液的量子产率、荧光强度达到最大值，继续增加

壳聚糖浓度则导致碳点溶液的荧光强度开始下降。这是由于当壳聚糖浓度小于3.5%时，随着壳聚糖浓度的增加，碳化颗粒数量增加，但是继续增加壳聚糖浓度，相对溶剂量的减少使水热程度不足以承担如此多的壳聚糖粒子进行热液碳化成碳点颗粒。虽然壳聚糖浓度为3.5%时碳点溶液的量子产率、荧光强度达到最大值，但是相较于壳聚糖浓度2%~3%的碳点溶液的量子产率和荧光强度的增幅并没有很大。为避免不必要的原料损失，使原料利用率达到最大化，选取壳聚糖浓度2%的条件进行后续实验研究。

（三）形貌分析

图4-12为碳点的原子力显微镜图，分别为平面图、高度图、相位图以及三维图。通过原子力显微镜以轻敲模式选取云母片上面积大小10μm×10μm的样品进行成像。根据单因素试验分析，从成本效益层面出发，选取水热温度200℃、水热时间9h、壳聚糖溶解浓度2%条件下制备的壳聚糖碳点溶液，使用原子力显微镜进行拍摄。使用AFM成像可以确定CDs的尺寸大小，成像技术表明干燥的CDs的尺寸范围约3~10nm，为球形纳米颗粒状。

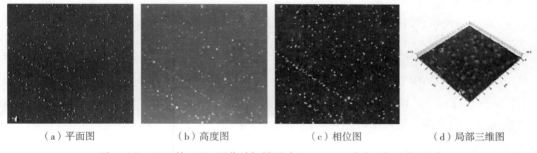

（a）平面图　　　　（b）高度图　　　　（c）相位图　　　　（d）局部三维图

图4-12　CDs的AFM图像（扫描尺寸2μm×2μm）（见文后彩图5）

（四）傅里叶变换红外光谱分析

图4-13显示了壳聚糖和碳点的FTIR谱图。壳聚糖粉末在3432cm^{-1}处为O—H和N—H伸缩振动特征吸收峰，在2874cm^{-1}处为C—H伸缩振动吸收峰，在1650cm^{-1}和1596cm^{-1}处为N—H弯曲振动吸收峰，在1157cm^{-1}处为吡喃糖环的C1—H和C—H弯曲振动吸收峰。对于氨基官能化的荧光碳点，在3411cm^{-1}处表现出的O—H和N—H伸缩振动吸收峰向小波数移动，在2924cm^{-1}和2850cm^{-1}出现了C—H伸缩振动吸收峰，并且与壳聚糖相比在1600cm^{-1}处氨基的吸收峰强度更大。与吡喃糖相关的1157cm^{-1}处的C—H振动减弱。这些特征可以解释碳点的形成为壳聚糖链的降解和通过脱水分解吡喃糖环。壳聚糖碳点的ζ电位测量结果为正值，这是由于CDs的表面具有氨基。CDs表面有许多富电子基团，可以与金属离子配位并稳定金属纳米粒子，这说明壳聚糖的水热碳化是获得氨基官能化荧光碳纳米颗粒的有效方法。

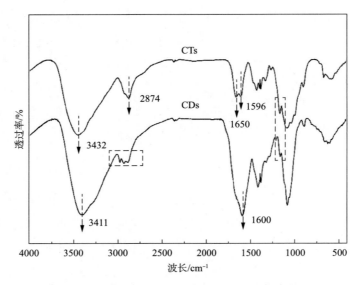

图4-13　壳聚糖（CTs）和碳点（CDs）的红外光谱图

（五）晶体结构分析

　　图4-14为壳聚糖（CTs）和壳聚糖碳点（CDs）的XRD谱图，分析比较壳聚糖水热碳化前后的晶体结构变化。由图可知，壳聚糖在$2\theta=18.9°$处具有主晶峰，在热液碳化后，壳聚糖的结晶度降低，这是由壳聚糖的结晶区受热分解破坏导致的。碳点在$2\theta=23.8°$处显示更宽的峰，表明存在无定形碳相。

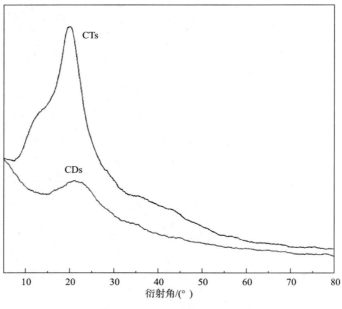

图4-14　壳聚糖（CTs）和碳点（CDs）的XRD谱图

（六）X射线光电子能谱分析

图4-15为壳聚糖（CTs）和壳聚糖碳点（CDs）的XPS、C1s、O1s和N1s的能谱图。用XPS分析壳聚糖以及壳聚糖碳点的表面状态，结果显示它们主要含有碳、氧和氮。以399.03eV为中心的壳聚糖的N1s峰与NH$_2$状态下的芳香族N相关联，而碳点在399.55eV处的N1s峰被赋予表面官能化的NH$_2$的N相关联。元素分析表明壳聚糖的组成为36.14%的C、8.02%的N、55.84%的O，而碳点的组成为58.54%的C、3.62%的N、37.84%的O。壳聚糖经水热碳化后碳含量明显增加，这主要是由于壳聚糖脱水过程中氧和氢的损失。

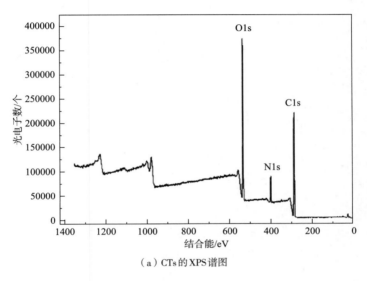

（a）CTs的XPS谱图

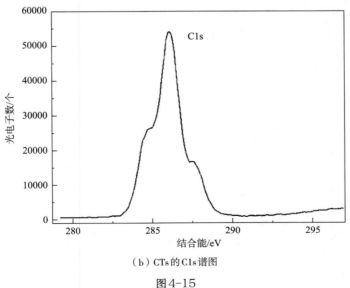

（b）CTs的C1s谱图

图4-15

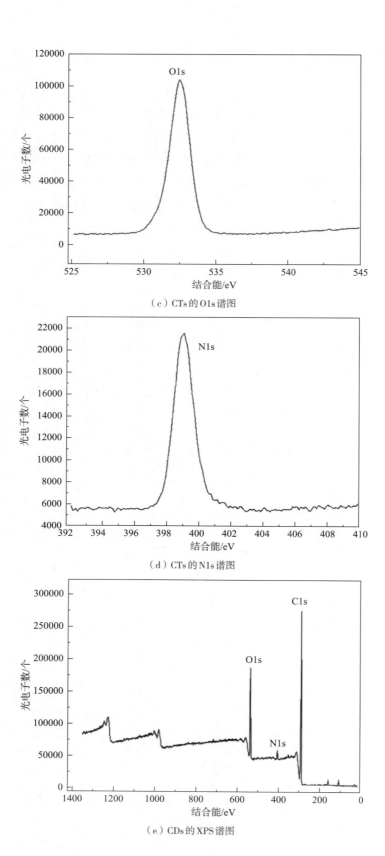

（c）CTs的O1s谱图

（d）CTs的N1s谱图

（e）CDs的XPS谱图

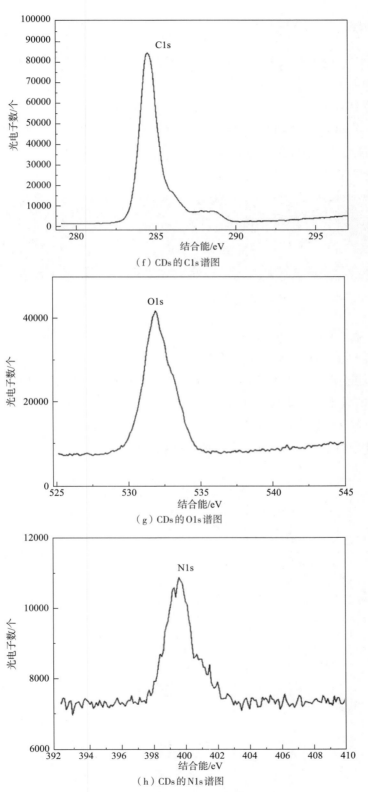

（f）CDs 的 C1s 谱图

（g）CDs 的 O1s 谱图

（h）CDs 的 N1s 谱图

图4-15　CTs 和 CDs 的 X 射线光电子能谱分析

（七）金属离子的选择性分析

图4-16显示了碳点溶液中分别加入相同体积的不同金属离子溶液（浓度均为1mg/mL）后在紫外灯照射下的宏观形貌。为了研究碳点对金属离子的选择性，选取了1mg与环境相关的金属离子（包括K^+、Ca^{2+}、Na^+、Mg^{2+}、Al^{3+}、Zn^{2+}、Fe^{2+}、Fe^{3+}、Pb^{2+}、Cu^{2+}、Hg^{2+}、Ag^+、Co^{2+}、Ni^{2+}、Cd^{2+}）分别加入到10mL稀释至相同倍数的碳点溶液中，使用紫外分析仪通过肉眼观察初步研究荧光猝灭程度。从图4-16中可明显观察到，加入Fe^{3+}后的碳点溶液呈现显著的荧光猝灭效应，而其他金属离子对碳点溶液的猝灭效应不显著。

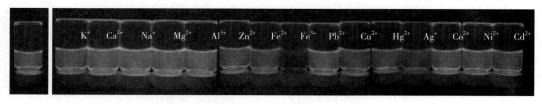

图4-16　添加1mg不同金属离子的碳点溶液在紫外灯照射下的照片（E_x=365nm，0为空白组）（见文后彩图6）

图4-17（a）为加入相同体积的不同金属离子溶液（浓度均为1mg/mL）的碳点溶液在E_x=335nm下的发射谱图。根据发射谱图显示的荧光强度进行选择性研究分析可知，含相同添加量的不同金属离子的碳点溶液中，含Fe^{3+}的碳点溶液荧光强度降低最显著，与紫外分析仪观察的结果相符。根据计算加入不同金属离子的碳点溶液的荧光强度（P）与未添加金属离子的碳点溶液的荧光强度（P_0）的比值，分析不同金属离子对碳点溶液的荧光猝灭程度。如图4-17（b）可知，加入Fe^{3+}的碳点溶液荧光强度下降至原溶液的10.6%。

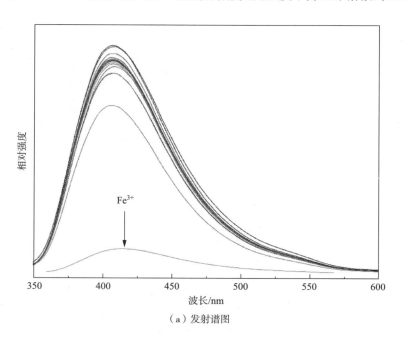

（a）发射谱图

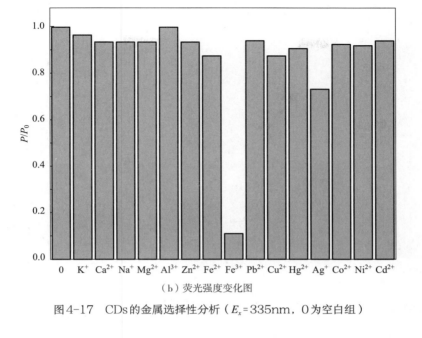

（b）荧光强度变化图

图4-17　CDs的金属选择性分析（$E_x=335nm$，0为空白组）

图4-18（a）为加入1mL不同浓度（0~100μmol/mL）的Fe^{3+}溶液的碳点溶液在$E_x=335nm$下的发射谱图，进行Fe^{3+}对碳点溶液的荧光猝灭效应分析。根据计算不同Fe^{3+}添加量的碳点溶液的荧光强度与未添加Fe^{3+}的碳点溶液的荧光强度的比值，分析不同Fe^{3+}添加量对碳点溶液的荧光猝灭程度，得到图4-18（b）。由图可知，仅微量的Fe^{3+}（5μmol）碳点溶液的荧光强度下降至原溶液的30%，当金属离子大于30μmol时碳点溶液几乎丧失荧光效应，表明获得的壳聚糖碳点对Fe^{3+}具有敏感性、高选择性。

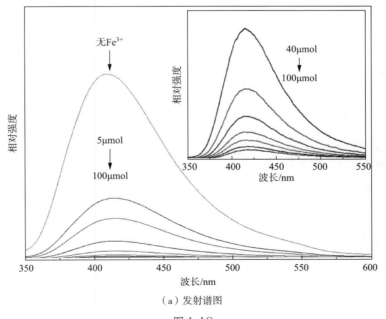

（a）发射谱图

图4-18

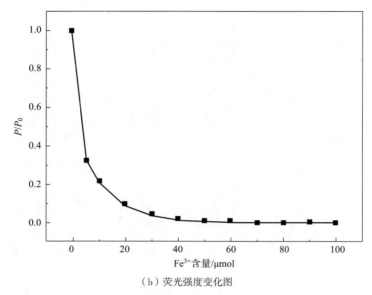

（b）荧光强度变化图

图4-18　不同Fe^{3+}含量碳点溶液的荧光猝灭效应分析（E_x=335nm，0为空白组）

第二节　纳米纤维素/明胶荧光复合膜

一、纳米纤维素/明胶荧光复合膜的构建

（一）纳米纤维素/明胶超分子复合膜的构建

将离心洗涤后得到的双醛纳米纤维素（DNF）转移至圆底烧瓶中，加入93mL去离子水，60℃超声分散1h，随后加入5g明胶继续超声反应1h。反应结束后，将混合溶液转移至聚四氟乙烯培养皿（90mm）中，40℃真空干燥48h，即可得到纳米纤维素/明胶复合膜，制备流程如图4-19所示。不同DNF含量（0g、0.5g、1g、1.5g、2g、2.5g和3g）的复合膜分别被标记为CG-0、CG-0.5、CG-1.0、CG-1.5、CG-2.0、CG-2.5和CG-3.0。

（二）纳米纤维素/明胶超分子荧光复合膜的构建

取2g明胶和18mL水加入到50mL圆底烧瓶中，60℃超声分散1h，使明胶充分溶解，随后将1mL碳点溶液和一定量的双醛纳米纤维素加入到明胶溶液中，继续超声反应1h。反应结束后，将混合溶液转移至聚四氟乙烯培养皿（90mm）中，40℃真空干燥48h，即可得到纳米纤维素/明胶荧光复合膜，制备流程如图4-20所示。不同DNF含量的复合膜（m_{DNF}/

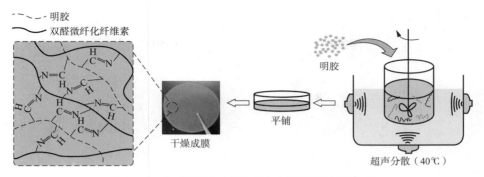

图4-19　纳米纤维素/明胶超分子复合膜的制备流程

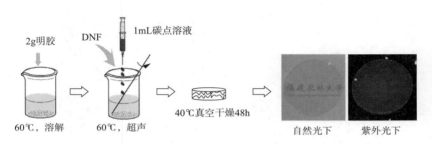

图4-20　纳米纤维素/明胶荧光复合膜的制备流程（见文后彩图7）

$m_{明胶}$=0、0.2%、0.4%、0.6%、0.8%、1.0%、1.2%、1.4%）分别被标记为F-0、F-0.2、F-0.4、F-0.6、F-0.8、F-1.0、F-1.2、F-1.4。

二、结果与分析

（一）微观形貌分析

图4-21为CNCs和DNF的透射电镜图及扫描电镜图。由图可知，CNCs呈棒状，直径为10~20nm，长度为200~400nm，纳米纤维相互交织在一起，形成纵横交错的网状结构，经高碘酸钠氧化处理后纳米纤维素分子链被进一步破坏，分子链变短，粒径变小，形成的双醛纳米纤维素的直径减小为5~10nm，长度减小为50~100nm，但是纳米纤维素被氧化降解后仍然保持纤丝状。

图4-22为DNF/明胶复合膜断面的扫描电镜图。由图可知，纯明胶膜（CG-0）的断面均一、平整［图4-22（a）］，随着DNF的加入，其表面变得较为粗糙［图4-22（b）~（d）］。DNF的含量在2g以内时，其在复合膜中均匀分散（白色颗粒），无明显的团聚现象，表明DNF和明胶之间通过形成氢键及亚胺键呈现出较好的相容性，这有利于复合膜力学性能的提高。DNF的添加量较高时，复合膜中DNF之间产生部分团聚现象［图4-22（d）］，导致复合膜断面平整度下降。这主要是因为较多的DNF在混合过程中相互碰撞概率增加，使DNF之间形成了强烈的氢键作用[11]，因此容易导致DNF产生自团聚现象。

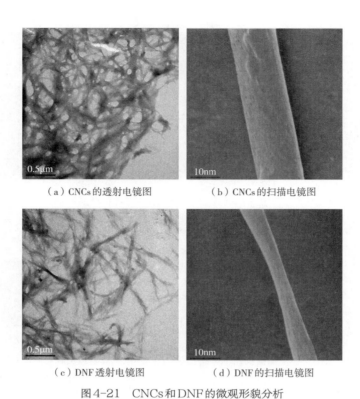

（a）CNCs的透射电镜图　　　　　（b）CNCs的扫描电镜图

（c）DNF透射电镜图　　　　　（d）DNF的扫描电镜图

图4-21　CNCs和DNF的微观形貌分析

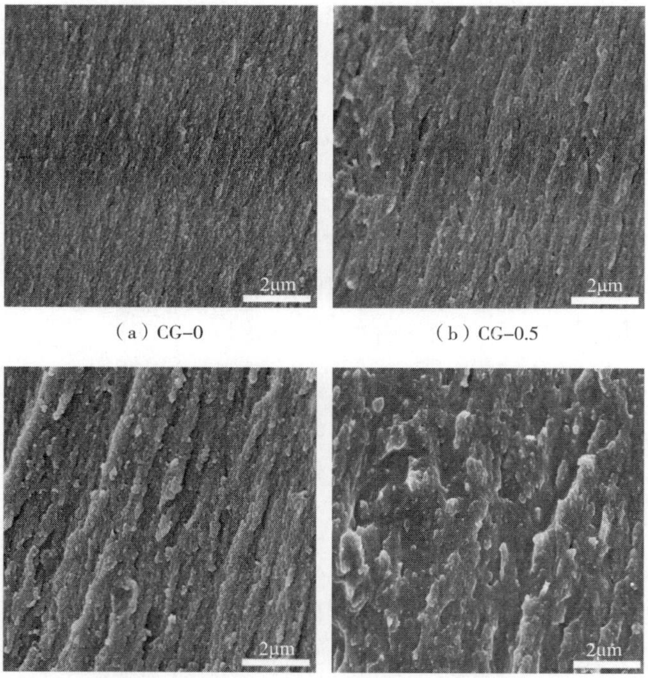

（a）CG-0　　　　　　　　　　（b）CG-0.5

（c）CG-2.0　　　　　　　　　　（d）CG-3.0

图4-22　纯明胶膜及DNF/明胶复合膜的扫描电镜图

图4-23为DNF/明胶荧光复合膜F-0（a）、F-1（b）断面的扫描电镜图。由图可知，荧光复合膜的断面呈整齐的阶梯状层层排列，且复合膜F-1的断面各层之间比F-0排列更为紧密，这也说明DNF与明胶之间通过共价键和氢键作用形成了紧密的结合，有助于复合膜力学性能的提高。

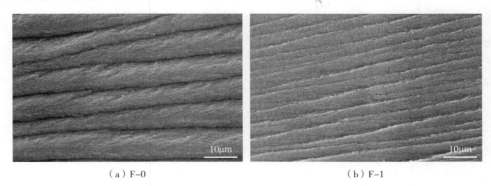

（a）F-0   （b）F-1

图4-23　荧光复合膜的扫描电镜图

（二）傅里叶变换红外光谱分析

图4-24为纤维素原料（竹浆）、DNF和DNF/明胶荧光复合膜（CG-2.0）的红外光谱图。3446cm^{-1}处的吸收峰为羟基中O—H的伸缩振动吸收峰[12]；2901cm^{-1}附近的吸收峰为纤维分子中C—H的对称伸缩振动，1641cm^{-1}处的吸收峰对应纤维素分子中饱和C—H弯曲振动吸收；在1161cm^{-1}和1063cm^{-1}处吸收峰的分别对应纤维素C—C骨架伸缩振动和纤维素醇的C—O伸缩振动吸收[13]；而在892cm^{-1}附近的吸收峰为纤维素异头碳（C1）的振动

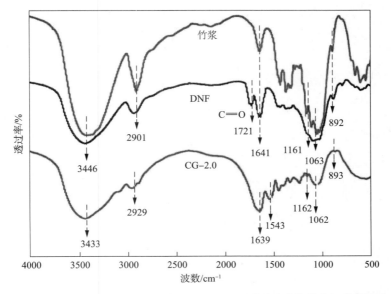

图4-24　纤维素原料（竹浆）、DNF和DNF/明胶荧光复合膜的红外光谱图

吸收峰。DNF 的 FTIR 谱图中，除了保持纤维素原料谱图中的吸收峰以外，在 1721cm^{-1} 附近处出现了较强的吸收峰，为高碘酸钠氧化后纤维素分子中 C2—C3 键断裂后形成醛基的碳基（C=O）伸缩振动峰[14]，同时，在 1161cm^{-1} 和 1063cm^{-1} 处的特征吸收峰减弱或消失，表明纤维素中的部分羟基被氧化成醛基。DNF/明胶荧光复合膜的 FTIR 谱图中，同时具备 DNF 和明胶的特征吸收峰，且在 1721cm^{-1} 处的吸收峰消失，这是由于 DNF（醛基含量为 0.237mmol/g）上的醛基（—CHO）和明胶中的氨基（—NH$_2$）发生了席夫碱反应；同时在 1543cm^{-1} 处出现的新的吸收峰，为形成的亚胺键（C=N）的振动吸收峰[15]。1639cm^{-1} 附近处的吸收峰，为复合膜中明胶分子链上的酰胺键（—CO—NH—）振动吸收峰，此化学键交联有利于改善 DNF/明胶荧光复合膜的热稳定性、力学性能和拒水性等。

（三）力学性能分析

图 4-25 为不同 DNF 添加量的荧光复合膜的应力—应变曲线图。由图可知，复合膜的应力及应变随着 DNF 添加量的增大呈现先增加后降低的趋势，当 DNF 的质量分数为 1% 时（F-1），荧光复合膜的拉伸强度达到 70.4MPa，是未添加 DNF 的荧光复合膜（F-0）的拉伸强度（35.1MPa）的 2 倍，此时，F-1 的应变达到 13.1%。这主要是由于随着 DNF 用量的增加，DNF 与明胶形成席夫碱键的化学交联程度不断增大，增强了复合膜中 DNF 和明胶分子之间的相互作用力，从而显著提高了复合膜的拉伸强度。当 DNF 的质量分数大于 1% 时，荧光复合膜的拉伸强度及应变呈下降趋势，这可能是由于过量的 DNF 导致其相互之间的碰撞概率增大，使部分 DNF 在氢键作用下发生团聚，从而导致 DNF 在明胶中的分散性变差，与明胶之间的界面相容性变差，从而使复合膜的力学性能有所下降。因此，DNF 的添加量在 1% 以内可以有效提高荧光复合膜的力学性能。

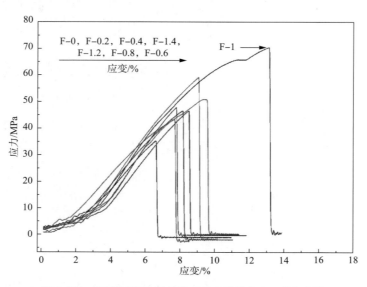

图 4-25　不同 DNF 含量的荧光复合膜的应力—应变曲线

（四）吸湿性能分析

明胶分子中含有大量的亲水性基团（—OH、—NH₂和—C≡O等），易和水分子形成氢键，从而使明胶具有较强的吸湿性，然而过多的水分会导致明胶的力学性能和尺寸稳定性下降，不利于其应用[16]。图4-26为不同DNF含量的DNF-明胶复合膜的吸湿率曲线图。由图可知，纯明胶膜的吸湿率为17.89%，随着DNF含量的增加，复合膜的吸湿率逐渐下降。当DNF的含量达到2g时，复合膜的吸湿率降低至11.14%，这主要是因为DNF上的醛基与明胶上的氨基形成了化学键结合（亚胺键），使复合膜的交联程度增加，形成致密的三维网络结构，从而导致复合膜的吸湿性能显著下降。因此，DNF可以显著提高明胶膜的拒水性能，有利于保持明胶膜的性能稳定。

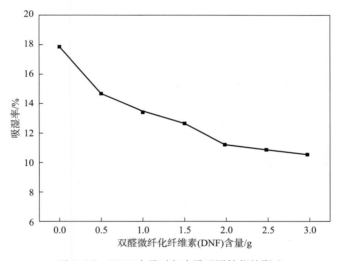

图4-26　DNF含量对复合膜吸湿性能的影响

（五）热性能分析

图4-27为荧光复合膜F-0和F-1的热重分析曲线，测得的热分析数据如表4-4所示。当温度为30~150℃时，荧光复合膜的质量损失是由样品吸收空气中少量的自由水受热挥发造成的。对照F-1和F-0的TG与DTG曲线可知，复合膜F-1的初始分解温度为262℃，最大失重速率温度为316℃，残余质量22.1%；而F-0的初始分解温度为238℃，最大失重速率温度为296℃，残余质量20.3%。可见，复合膜F-1的初始分解温度、最大失重速率温度和残余质量均比F-0高，表明荧光复合膜F-1的热稳定性较复合膜F-0有所提高。这是由于复合膜中加入的DNF与明胶发生的化学交联（形成亚胺键）以及相互之间的氢键作用，使两者之间产生了较强的界面结合力，复合膜的网络结构更加致密，从而提高了荧光复合膜的热稳定性。

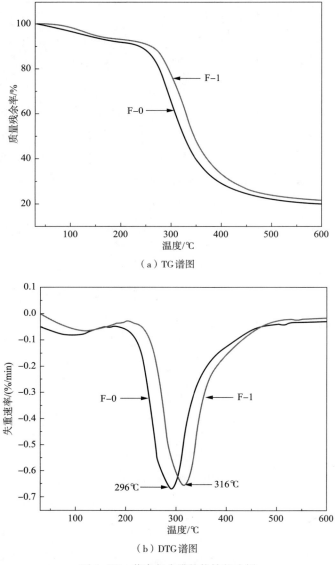

（a）TG谱图

（b）DTG谱图

图4-27 荧光复合膜的热性能分析

表4-4 复合膜F-0和F-1的起始分解温度、最大失重速率温度和残余质量

样品	起始分解温度T_0/℃	最大失重速率温度/℃	残余质量/%
F-0	238	296	20.3
F-1	262	316	22.1

（六）透光性及荧光性能分析

图4-28（a）为荧光复合膜F-1和F-0的透光率曲线。由图可知，荧光膜F-0的透光率

约为91%，具有较好的透明性，加入DNF后，复合膜的透光率有所降低，但仍高于85%，表明DNF与明胶具有很好的界面相容性。复合膜较高的透明性，使其可作为透明荧光膜应用在显示器、传感器等领域。图4-28（b）为复合膜F-0、F-1和碳点的吸收光谱图，由图可知，复合膜显示出与碳点溶液相似的光学吸收特性，说明碳点纳米颗粒均匀地分散在复合膜中。

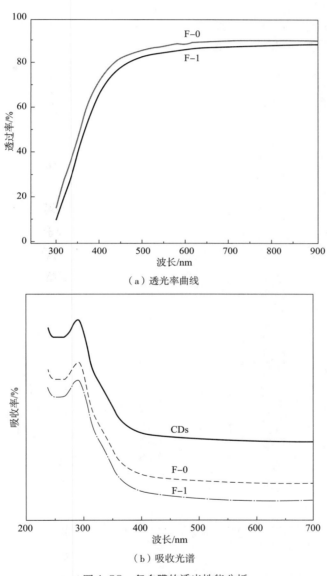

（a）透光率曲线

（b）吸收光谱

图4-28　复合膜的透光性能分析

图4-29（a）显示了复合膜F-0、F-1在激发波长 $E_x = 335nm$（发射波长 $E_m = 410nm$）下的发射谱图。由图可知，由于随着DNF的加入，复合膜的荧光强度并未出现明显下降，这对复合膜作为发光膜的影响可忽略不计，说明DNF在复合膜中均匀分散，与明胶形成了

紧密结合。图4-29（b）显示了复合膜F-1随着时间的延长荧光强度的变化趋势。由图可知，荧光复合膜放置一个月后，荧光强度几乎未发生改变，说明制备的荧光复合膜具有优异的荧光稳定性。

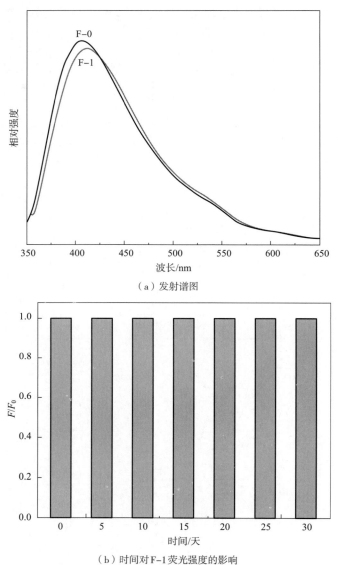

（a）发射谱图

（b）时间对F-1荧光强度的影响

图4-29　复合膜的荧光性能分析

（七）荧光复合膜用于Fe^{3+}的检测

基于Fe^{3+}与荧光碳点的相互作用，荧光复合膜可用于检测Fe^{3+}。配制浓度梯度的Fe^{3+}溶液（0~150μmol/L），测试不同浓度的Fe^{3+}对荧光复合膜的荧光强度的影响。根据荧光分光光度计给出的报告，统计复合膜发射谱图的峰值变化，即荧光强度的变化。根据荧光猝灭程度，对感应不同浓度Fe^{3+}的复合膜的荧光强度变化进行线性拟合，作出回归曲线如图4-30所示。由图可知，复合膜的荧光猝灭效率对Fe^{3+}在0~100μmol/L的浓度范围内呈线性响应，表明加入复合膜的荧光强度对Fe^{3+}较为敏感，Fe^{3+}可以有效猝灭复合膜的荧光强度，因此根据回归曲线，通过测定复合膜荧光强度的变化，可以定量分析出溶液或食品中Fe^{3+}的含量，在食品安全检验方面具有一定的应用前景。图中所示的校准曲线可以表示为（P_0-P）/P_0=0.00638[Fe^{3+}] + 0.0028（[Fe^{3+}]:μmol/L），其中P_0表示未添加Fe^{3+}的复合膜的荧光强度，P表示分别添加0~150μmol/L Fe^{3+}的复合膜的荧光强度。

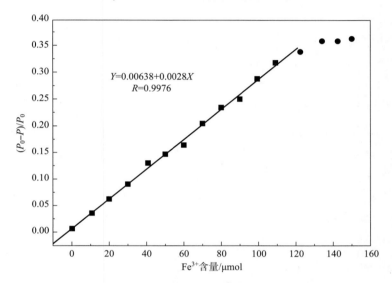

图4-30　复合膜F-1响应Fe^{3+}浓度的回归曲线

参考文献

[1] WAREING T C, GENTILE P, PHAN A N. Biomass-based carbon dots: current development and future perspectives [J]. ACS Nano, 2021, 15(10): 15471-15501.

[2] SHARMA V, TIWARI P, KAUR N, et al. Optical nanosensors based on fluorescent carbon dots for the detection of water contaminants: a review[J]. Environmental Chemistry Letters, 2021(19): 3229-3241.

[3] GONG X, ZHANG Q, GAO Y, et al. Phosphorus and nitrogen dual-doped hollow carbon dot as a nanocarrier for doxorubicin delivery and biological imaging[J]. ACS Applied Materials & Interfaces, 2016, 8(18): 11288-11297.

[4] GOGOI S, KARAK N. Solar-driven hydrogen peroxide production using polymer-supported carbon dots as heterogeneous catalyst[J]. Nano-micro Letters, 2017(9): 1-11.

[5] PENG Z, HAN X, LI S, et al. Carbon dots: biomacromolecule interaction, bioimaging and nanomedicine[J]. Coordination Chemistry Reviews, 2017(343): 256-277.

[6] WANG C, LIN H, XU Z, et al. Tunable carbon-dot-based dual-emission fluorescent nanohybrids for ratiometric optical thermometry in living cells [J]. ACS Applied Materials & Interfaces, 2016, 8(10): 6621–6628.

[7] LIANG Q, WANG Y, LIN F, et al. A facile microwave-hydrothermal synthesis of fluorescent carbon quantum dots from bamboo tar and their application [J]. Analytical Methods, 2017, 9(24): 3675–3681.

[8] YANG Y, CUI J, ZHENG M, et al. One-step synthesis of amino-functionalized fluorescent carbon nanoparticles by hydrothermal carbonization of chitosan [J]. Chemical Communications, 2012, 48(3): 380–382.

[9] SUN Y P, ZHOU B, LIN Y, et al. Quantum-sized carbon dots for bright and colorful photoluminescence [J]. Journal of the American Chemical Society, 2006, 128(24): 7756–7757.

[10] YANG S T, CAO L, LUO P G, et al. Carbon dots for optical imaging in vivo [J]. Journal of the American Chemical Society, 2009, 131(32): 11308–11309.

[11] FORTUNATI E, ARMENTANO I, ZHOU Q, et al. Multifunctional bionanocomposite films of poly(lactic acid), cellulose nanocrystals and silver nanoparticles [J]. Carbohydrate Polymers, 2012, 87(2): 1596–1605.

[12] 鲍文毅，徐晨，宋飞，等. 纤维素/壳聚糖共混透明膜的制备及阻隔抗菌性能研究[J]. 高分子学报，2015(1)：49–56.

[13] TANG H, BUTCHOSA N, ZHOU Q. A transparent, hazy, and strong macroscopic ribbon of oriented cellulose nanofibrils bearing poly(ethylene glycol) [J]. Advanced Materials, 2015, 27(12): 2070–2076.

[14] MU C, GUO J, LI X, et al. Preparation and properties of dialdehyde carboxymethyl cellulose crosslinked gelatin edible films [J]. Food Hydrocolloids, 2012, 27(1): 22–29.

[15] 韩学武，戴文卿，高玫香，等. 磺化明胶水凝胶的制备及其电场响应性能[J]. 功能高分子学报，2016, 29(3)：335–340.

[16] 郑学晶，李俊伟，刘捷，等. 双醛淀粉改性明胶膜的制备与性能研究[J]. 中国皮革，2011，40(23)：28–31.

生物质纳米纤维

第五章

明胶\纤维素超分子水凝胶纤维

智能水凝胶纤维是可以对温度、光、pH等环境刺激作出响应的水凝胶纤维，主要有温度、pH及光响应性水凝胶等。智能水凝胶纤维由于其特殊的响应性，在传感器、组织工程、药物载体、记忆元件开关等领域具有广阔的应用前景[1, 2]。pH响应性水凝胶纤维是随着pH的改变其溶胀率及形状等发生变化的水凝胶纤维，凝胶的分子链上通常含有可离子化的羧基、磺酸基等酸性基团以及氨基等碱性基团。溶胀介质的pH变化时，酸碱性基团会产生电离导致水凝胶分子链内或链间的氢键作用和离子相互作用发生改变，使水凝胶的网络结构产生变化导致聚合物的分子链发生伸展或收缩，引起水凝胶溶胀体积的变化，即对pH表现出敏感性[3]。一些高分子水凝胶的分子链中含有 —COOH、—NH$_2$ 等酸性基团或碱性基团，具有pH敏感性，可随pH的变化而发生溶胀或收缩，这类水凝胶在药物缓释、生物传感器等方面广泛应用[4, 5]。目前，制备pH敏感性水凝胶的原料主要是聚丙烯酰胺、聚乙烯醇、聚丙烯酸酯、聚丙烯酸等合成高分子，而对天然高分子的研究较少。

第一节　明胶／纤维素超分子水凝胶的构建

本节基于纤维素和明胶这两种天然高分子的特性，采用超分子化学的方法制备高强度水凝胶纤维，并对复合水凝胶的形貌、结构、溶胀性能、力学性能、pH敏感性等进行分析表征。将纤维素首先溶于硫氰酸钾／乙二胺体系中，然后通过冻融循环与明胶结合，以促进两者之间氢键的形成，构建超分子网络结构。冻融过程可以有效地产生交联点，从而将聚合物链结合在一起形成原纤维网状结构[6]，同时由于分子间氢键在低温下比在室温下容易形成并且更稳定，所以循环冻融可以增强明胶与纤维素间氢键的结合强度[7]。整个制备过程中不使用任何有害的交联剂或中间纯化步骤。因此，卓越的机械性能，优异的pH敏感性和良好的生物降解性，使这种新型生物质基水凝胶在生物材料领域具有巨大的潜在应用价值。

一、纤维素水凝胶的制备

取35g硫氰酸钾、65g乙二胺溶液混合均匀作为纤维素的溶解液。将人纤浆用粉碎机打碎，得到分散均匀的纤维素浆（Cellulsoe Pulp，CP），60℃烘干备用。将4g纤维素加入硫氰酸钾／乙二胺混合溶剂中，90℃油浴条件下冷凝回流反应3h，反应过程中使用搅拌器不

生物质纳米纤维

110

断进行搅拌，促使纤维素充分溶解。反应结束后得到的纳米纤维素（CNF）溶液呈无色透明状，流动性好。将纤维素溶液冷却至室温形成纤维素凝胶，然后浸渍于甲醇溶液中脱除硫氰酸钾和乙二胺溶剂，再用去离子水充分洗涤得到纤维素水凝胶（CH），纯纤维素水凝胶（不加明胶）作为实验的对照试样。

二、明胶/纤维素超分子水凝胶的制备

将4g纤维素加入硫氰酸钾/乙二胺混合溶剂中，90℃油浴条件下冷凝回流反应3h，形成纤维素溶液，然后将一定量的明胶（Gelatin）加入到纤维素溶液中，90℃继续冷凝回流反应0.5h，使明胶充分溶解并与纤维素溶液混合均匀。纤维素和明胶混合溶液冷却至室温后形成凝胶状，将该凝胶浸渍于甲醇溶液中脱除硫氰酸钾和乙二胺溶剂，再用去离子水充分洗涤至中性，于−15℃条件下冷冻10h，室温下解冻，如此冻融循环3次，得到纤维素基超分子水凝胶（CH-G），明胶的加入量分别为0.5%、1%、2%、2.5%和3%，超分子水凝胶分别标记为CH-G-0.5、CH-G-1.0、CH-G-2.0、CH-G-2.5和CH-G-3.0，超分子水凝胶的制备流程如图5-1所示。

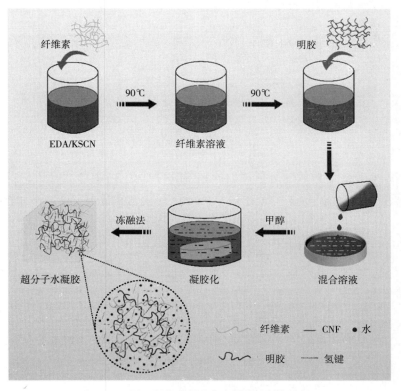

图5-1　明胶/纤维素超分子水凝胶的制备流程图

一、微观形貌分析

图5-2为纤维素浆（CP）与CNF的SEM及TEM图。CP的直径范围为30~50μm，长度可达几百微米，表面较为粗糙。与CP相比，纤维素纤维经硫氰酸钾/乙二胺体系溶解再生后纤维尺寸显著减小，表面变得较为光滑。CNF的直径减小为25~50nm，长度减小至数百纳米。这主要是因为在硫氰酸钾/乙二胺溶解过程中，纤维素的超分子结构被解聚，分子间和分子内氢键解离，导致纤维素的结构变得松散，因此纤维素链在再生过程中容易被切断，从而引起纤维尺寸减小[8]。此外，这些CNF交织在一起形成了相互连接的网状结构，使其能够在超分子水凝胶中发挥增强作用。

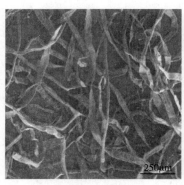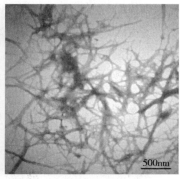

（a）扫描电镜谱图　　　　　　　　　（b）透射电镜图

图5-2　CP与CNF的微观形貌分析

图5-3是水凝胶试样的断裂横截面的FESEM图像。由图可观察到，当明胶含量从0.5%（CH-G-0.5）增加至2.5%（CH-G-2.5）时，水凝胶的孔径逐渐减小，当明胶含量较高时（CH-G-3.0），孔径尺寸又开始增大。这一结果表明，纤维素再生过程导致较小的纤维尺寸的产生，这些CNF填充在水凝胶的多孔网络结构中，增加了凝胶网络的致密性，使孔径尺寸减小。此外，孔径被认为是在冷冻循环过程中形成的冰区的尺寸，而冷冻循环又会受到纤维素和明胶含量的影响[9]，因此CH-G-3.0中孔径尺寸的增大可能是由于明胶的亲水性引起的，较高含量的明胶能够吸收更多的水，导致冻融循环过程中形成了更大的冰晶进而产生更大的孔隙。与对照试样CH相比，CH-G-2.5的平均孔径从100nm减小到16nm左右，反映了纤维素和明胶之间较强的结合作用。纤维素分子中大量的羟基和明胶中的大量氨基和羟基可以通过氢键和物理相互作用形成超分子结构。因此，超分子水凝胶的力学性能可以通过致密的超分子结构的形成而增强。

如图5-3（a）所示，对照试样CH呈现出相对疏松的网络结构，使其容易发生破裂。相比之下，超分子水凝胶显示出致密和均一的网络，而且这些网络均匀分布。由于网状结构是由纤维素纤丝和明胶之间形成的大量交联点构成的，显然，冻融循环过程可以有效地调控交联强度，从而改善超分子水凝胶的致密性[10]。然而，CH-G-3.0的网络结构显示出一些裂缝和缺陷［图5-3（f）］，这意味着在构建水凝胶网络过程中加入过多的明胶是不可行的。

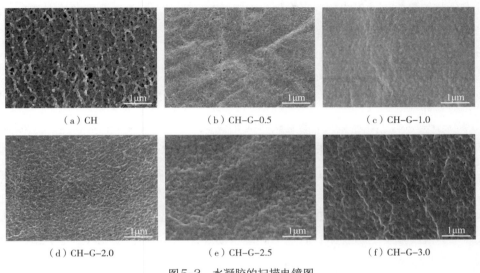

（a）CH　　　　　　　（b）CH-G-0.5　　　　　　（c）CH-G-1.0

（d）CH-G-2.0　　　　　（e）CH-G-2.5　　　　　（f）CH-G-3.0

图5-3　水凝胶的扫描电镜图

二、固体 ^{13}C CP/MAS NMR分析

图5-4为明胶、纯纤维素水凝胶（CH）及超分子水凝胶的CP/MAS ^{13}C核磁共振图谱。

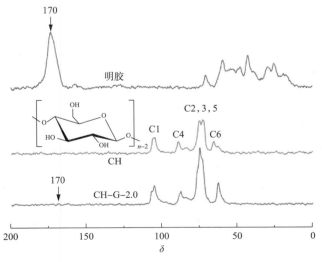

图5-4　明胶、CH及超分子水凝胶的CP/MAS ^{13}C核磁共振图谱

从图中可以看到，纤维素在 $\delta=105.4$、89.1、75.3 及 65.4 处出现典型的特征吸收峰，分别对应于纤维素的 C1、C4、C2, 3, 5 及 C6 的共振吸收峰[11, 12]。明胶在 $\delta=170$ 处具有较强的吸收峰，该峰为明胶中所含有的甘氨酸的碳原子共振吸收峰[13]。明胶位于 $\delta=70.7$、59.2、47.8、29.6、25.5 处的吸收峰对应于明胶分子中其他氨基酸的碳原子共振吸收峰[14]。从超分子水凝胶的图谱上可以看到，超分子水凝胶在 $\delta=170$、105.4、89.1、75.3 及 65.4 处含有明胶及纤维素的共振吸收峰，说明超分子水凝胶中明胶与纤维素之间并未形成共价键结合，而是通过非共价键即氢键作用形成凝胶的网络结构[15]。

三、傅里叶变换红外光谱分析

图 5-5 为明胶、CH 及超分子水凝胶的红外光谱图。明胶在 3440cm^{-1} 附近的吸收峰为酰氨基的 N—H 伸缩振动吸收，而复合水凝胶在该处的峰值移向低波数方向 3427cm^{-1} 处，且峰形变宽，说明超分子水凝胶中纤维素和明胶的分子间氢键作用力增强，这是纤维素分子中的羟基与明胶分子中的氨基、酰氨基形成了较强的氢键相互作用的结果[16, 17]。如图 5-5 所示，1648cm^{-1}、1576cm^{-1}、1239cm^{-1} 附近的吸收峰分别对应于明胶分子结构中的酰胺 I 带、酰胺 II 带和酰胺 III 带中的 C=O 和 C—N 伸缩振动或 N—H 弯曲振动吸收，是明胶的特征吸收峰[18, 19]；895cm^{-1} 处的吸收峰为纤维素分子中脱水葡萄糖单元间 β- 糖苷键的特征峰，属于异头碳（C1）的振动吸收，是纤维素的特征吸收峰[20]。超分子水凝胶的 FTIR 谱图中出现了明胶和纤维素的特征吸收峰，且峰值向低波数方向移动，表明纤维素和明胶分子之间不是简单地混合和叠加，而是两者之间形成了新的氢键结合作用。

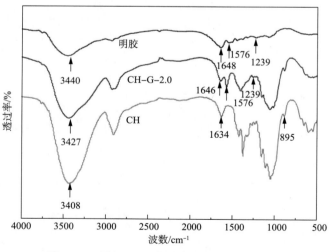

图 5-5　明胶、CH 及超分子水凝胶的红外谱图

四、晶体结构分析

图5-6（a）为CP和CNF的X射线衍射谱图。由图可知，CP在$2\theta=15°$、16.5°和22.7°出现较强的衍射峰，分别对应于纤维素Ⅰ型的（101）、（10$\bar{1}$）、（002）晶面[21]。CP经硫氰酸钾/乙二胺体系溶解后形成的CNF的XRD谱图中，三个主要的吸收峰出现在$2\theta=12.1°$、20.2°和21.5°，分别属于纤维素Ⅱ型的（1$\bar{1}$0）、（110）、（200）晶面，说明纤维素在硫氰酸钾/乙二胺体系中溶解后，晶体类型由纤维素Ⅰ型转变成了纤维素Ⅱ型[22]。图5-6（b）为不同明胶含量的超分子水凝胶的XRD谱图，由图可看出，明胶在$2\theta=7.6°$

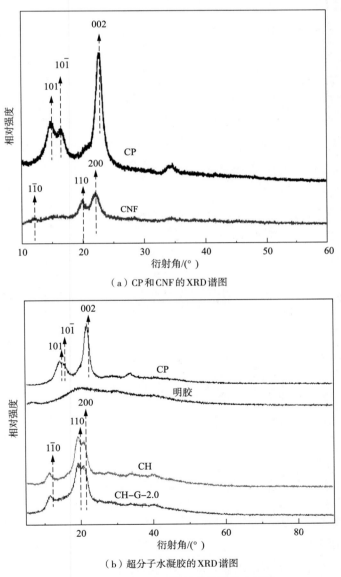

（a）CP和CNF的XRD谱图

（b）超分子水凝胶的XRD谱图

图5-6　超分子水凝胶的晶体结构分析图

和21.3°有主要的衍射峰[23]，随着超分子水凝胶中明胶含量的增加，水凝胶的衍射峰由于明胶的加入，在$2\theta=12.1°$附近的两个特征衍射峰逐渐减弱。当明胶含量由20%增加到50%时，超分子水凝胶的结晶度逐渐减小，由39.1%降低到17.4%（39.1%、32.4%、25.6%、17.4%），说明超分子水凝胶中明胶的存在影响了纤维素分子结构的有序排列[24]，明胶分子中的氨基、羟基及酰胺基可与纤维素中的羟基形成较强的氢键结合作用，使纤维素的规整的有序结构被破坏，导致超分子水凝胶的结晶度的减小。

五、溶胀性能测试

图5-7为不同明胶含量的超分子水凝胶在水中的平衡溶胀率。由图可知，当明胶含量较少时（＜30%），随着明胶的加入，超分子水凝胶的平衡溶胀率逐渐增加，因为明胶含量较少时，超分子水凝胶具有良好的空间网络结构，而且明胶分子含有大量的亲水性基团，使超分子水凝胶的亲水性增加，吸水性增强。随着明胶含量的增大，纤维素与明胶之间形成的氢键结合作用增强，导致超分子水凝胶的分子链缠结得更为致密，经过冷冻处理后，超分子水凝胶中分子链重排形成了更为稳定的氢键作用和更为刚性的网络结构，阻碍了水分子的进入，导致平衡溶胀率下降。

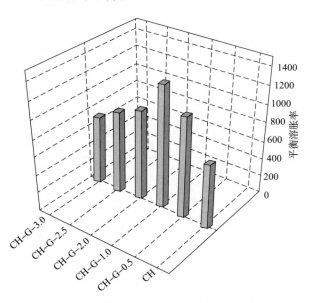

图5-7　不同明胶含量的超分子水凝胶的平衡溶胀率

图5-8为超分子水凝胶冷冻干燥后形成的干凝胶在水中的再溶胀动力学曲线。由图可知，在超分子水凝胶的再溶胀过程中，不同明胶含量的干凝胶的吸水速率均随溶胀时间的增加而迅速增大，而后吸水速率逐渐降低，当溶胀时间为200min左右时，干凝胶达到再溶

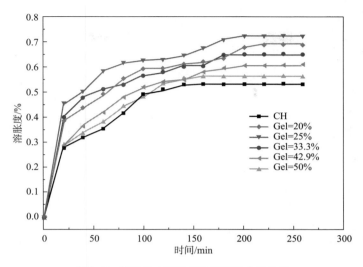

图5-8　超分子水凝胶的再溶胀动力学曲线

胀平衡。随着明胶含量的增加，超分子水凝胶的再溶胀率呈现先增加后降低的趋势，因为随着明胶的加入，纤维素分子间的氢键作用被破坏，纤维素与明胶分子间形成的氢键作用较弱，超分子水凝胶的结构较为疏松，干凝胶的吸水性较强，溶胀率的恢复能力增强，达到再溶胀平衡时，溶胀率可恢复至70%左右。说明随着明胶含量的增加，纤维素与明胶之间形成的氢键结合作用增强，在冷冻/解冻过程中，超分子水凝胶中的纤维素分子链进行重排，并与明胶进行缠结，形成了更为紧密的结构，阻碍了水分子的渗透。同时干燥过程减小了复合水凝胶内部交联点之间的平均距离，增加了网络结构的致密性，进一步限制了水分子的进入，导致超分子水凝胶的再溶胀率下降。

六、透光率的测定

图5-9为不同明胶含量的超分子水凝胶的透光率随波长变化的紫外—可见光谱图。从图中可以看出，在400~800nm波长范围内，超分子水凝胶的透光率明显高于对照试样，说明随着明胶的加入超分子水凝胶的透光率增加。而且随着明胶含量的增加，超分子水凝胶的透光率呈上升趋势，表明超分子水凝胶中纤维素与明胶两者之间的相容性良好，明胶能够改善超分子水凝胶的透光性。这主要归因于明胶与纤维素之间形成了分子间氢键作用，使纤维素的有序结构被破坏，导致纤维素的结晶度下降，从而提高了超分子水凝胶的透光性[25]。因为结晶会使晶区和非晶区之间的界面产生光的散射，导致复合材料的透光率下降。超分子水凝胶的透光率测试结果表明，明胶的加入可以增强纤维素与其之间的氢键结合作用，从而提高超分子水凝胶的透光性。

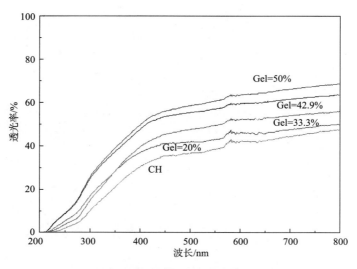

图5-9　不同明胶含量的超分子水凝胶透光率的变化曲线

七、力学性能测试

图5-10为超分子水凝胶的压缩强度—应变曲线。从图中可以看出，不同明胶含量的复合水凝胶试样呈现出"J"形的压缩强度—应变曲线，而且屈服应变为50%~70%，说明超分子水凝胶具有良好的弹性性能。明胶水凝胶的压缩强度为0.25MPa，屈服应变为40%，明胶与纤维素形成的超分子水凝胶的压缩强度达到了2.4MPa，较明胶水凝胶增加了8.6倍，屈服应变增加至70%。对照试样的压缩强度为0.75MPa，随着明胶的加入，超分子水凝胶的压缩强度逐渐增大，当明胶含量为20%时，超分子水凝胶的压缩强度增大至2.4MPa，较

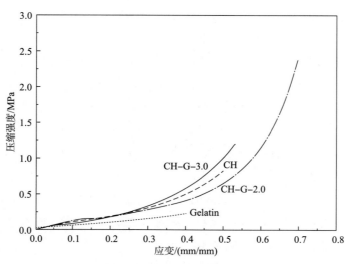

图5-10　超分子水凝胶的压缩强度—应变曲线

对照试样增加了2.2倍，说明纤维素与明胶分子间存在较强的氢键结合作用，而且冷冻/解冻过程中纤维素分子链进一步与明胶进行缠结，形成了紧密的结构，使超分子水凝胶的力学强度显著增加[26]。同时，屈服应变由对照试样的50%增大至70%，反映出明胶在超分子水凝胶的网络结构中具有持水的作用，而纤维素是超分子水凝胶的骨架，对凝胶网络起到支撑作用。随着明胶含量继续增大，超分子水凝胶的压缩强度反而开始下降，当明胶含量达到30%时，超分子水凝胶的压缩强度降低至1.25MPa，屈服应变由70%降低至55%。这是因为明胶含量较大时，由于明胶极强的吸水作用，凝胶含水量显著增加，明胶分子与水分子间的结合作用增强，纤维素与明胶分子间的氢键作用减弱，冻融循环过程中，形成的冰晶尺寸增大，使水凝胶的孔径较大，网络结构较为疏松，因此力学性能下降，此时纤维素分子链的刚性特征对于超分子水凝胶力学强度的维持起到支撑作用。

八、热性能分析

图5-11为明胶、对照试样及超分子水凝胶的TG和DTG曲线。从图中可以看到，明胶及复合水凝胶的热分解过程分为三个阶段：25~150℃的质量损失主要归因于试样吸附的水分的挥发；200~500℃超分子水凝胶的质量损失最大，这是纤维素葡萄糖单元的热降解及明胶肽键的热分解导致的[27]；500~700℃阶段是含碳物质的烧失过程。明胶的初始热分解温度为277℃，超分子水凝胶的初始热分解温度提高到了301℃；DTG曲线显示，明胶达到最大热失重速率时的温度为313℃，而超分子水凝胶的最大热失重速率温度提高到了354℃。以上热分析结果说明超分子水凝胶的热稳定性较明胶显著增加。这主要归因于纤维素再生过程中形成的CNF增强了超分子水凝胶体系对热的抵抗能力。超分子水凝胶中分

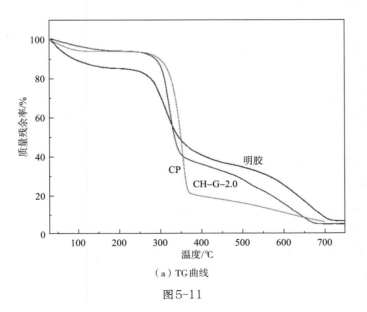

（a）TG曲线

图5-11

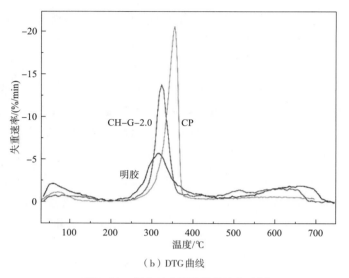

（b）DTG曲线

图5-11　超分子水凝胶的热性能分析

布的CNF属于纤维素Ⅱ型，与纤维素的其他晶型相比具有最稳定的结构[28]。因此，CNF强度高、结构稳定的性质，不仅可以提高超分子水凝胶的致密性，而且能够增强水凝胶的力学性能，从而在一定程度上延缓了明胶的热分解。此外，由于Ⅱ型纤维素链是反平行排列，更多的氢键被产生，使纤维素和明胶之间的氢键结合作用增强，形成了更稳定的超分子结构，进而增强了超分子水凝胶的耐热性[29]。

九、pH 响应性测试

图5-12为不同明胶含量的超分子水凝胶在不同pH的缓冲溶液中的平衡溶胀率SR_e的变化曲线。从图中可以看到，超分子水凝胶在不同pH的缓冲溶液中平衡溶胀率发生显著变化，表现出一定的pH响应性。超分子水凝胶在pH为2~4及pH为7~10的缓冲溶液中具有较高的平衡溶胀率，当缓冲溶液的pH位于明胶的等电点（pI≈4.8）附近时，超分子水凝胶的平衡溶胀率最小。明胶是一种聚电解质，因为它的分子链上含有大量的可离子化基团，其等电点（pI）约为4.8[30]。当pH小于5时，超分子水凝胶的平衡溶胀率均随着pH的增大而减小，因为明胶分子中同时含有碱性基团 —NH_2 和酸性基团 —COOH，当缓冲溶液的pH小于明胶的等电点，氨基被质子化形成 —NH_3^+ 而带正电荷，纤维素分子中的羟基也被部分质子化带正电荷，超分子水凝胶网络呈正电性，使分子链之间的相互排斥作用增强，分子链更为伸展，溶剂更易扩散至超分子水凝胶中，导致超分子水凝胶的平衡溶胀率较大[31]。随着缓冲溶液的pH由2增加到5，明胶中 —NH_2 的去质子化作用逐渐增强，导致超分子水凝胶的亲水性逐渐降低，而且由于明胶分子中的 —COOH、—NH_2 与纤维素分子中

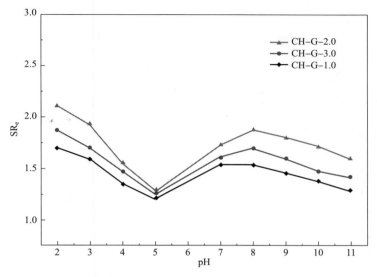

图5-12 超分子水凝胶平衡溶胀率（SR_e）的pH响应性

的 —OH 形成氢键结合，导致超分子水凝胶的平衡溶胀率进一步降低。当pH为5~8时，超分子水凝胶的平衡溶胀率均随着pH的增大而增大，因为pH为5~8时，明胶中的氨基仍然保持 —NH_2 形式，而羧基转变为 —COO^-，使超分子水凝胶网络呈电负性，由于负电荷之间的静电排斥作用，导致超分子水凝胶的分子链之间的排斥作用增强，平衡溶胀率增大[32]。当缓冲溶液的pH大于8时，超分子水凝胶的平衡溶胀率呈下降趋势，因为缓冲溶液的pH较高时，纤维素分子中羟基的去质子化作用加强，形成 —OH^-，产生较强的静电屏蔽作用，使纤维素分子链的伸展受到限制，导致超分子水凝胶网络结构的收缩，使平衡溶胀率下降[33]。

　　水凝胶的溶胀—消溶胀性能可以更好地反映出其对不同pH的敏感性。图5-13为不同明胶含量的超分子水凝胶分别在pH=2的缓冲溶液中达到溶胀平衡后的溶胀—消溶胀动力学曲线。由图可知，不同明胶含量的超分子水凝胶试样在不同pH的缓冲溶液中均显示出溶胀可逆性，溶胀—消溶胀动力学曲线呈现出"W"形，说明超分子水凝胶具有一定的形状记忆功能，可将其用于药物控制释放、记忆元件开关及生物传感器等领域。将达到溶胀平衡的水凝胶浸入pH=4的缓冲溶液后，随着浸渍时间的增加，溶胀率显著下降，表明水凝胶的收缩和消溶胀的发生。但是当水凝胶被转移至pH=8的缓冲溶液中时，水凝胶迅速溶胀，溶胀率显著增大。此外，随着时间的增加，溶胀—消溶胀循环几乎保持稳定并没有发生明显的衰减。溶胀—消溶胀行为的重现性可能与纤维素和明胶之间氢键的形成或破坏有关，两者分子间氢键的增强或减弱导致水凝胶中超分子结构的增强或弱化。

　　随着超分子水凝胶中明胶含量的增加，相同时间内，其在缓冲溶液的pH为4和8的连

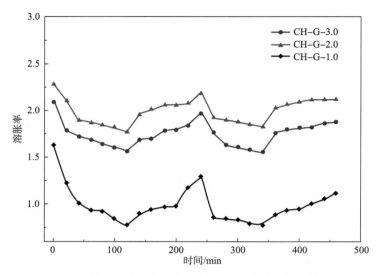

图5-13 超分子水凝胶的溶胀—消溶胀动力学曲线

续溶胀—消溶胀测试过程中，凝胶对pH的响应程度呈下降趋势。超分子水凝胶对pH响应程度的这种变化与凝胶网络结构中各组分的组成有关，明胶的含量是影响超分子水凝胶对pH敏感的主要因素，并不是明胶含量越高，其对pH的响应性越好，超分子水凝胶中明胶与纤维素之间的氢键作用强弱及凝胶网络结构的致密性也可能影响其对pH的响应性。所有上述结果表明超分子水凝胶具有显著的pH响应能力。

十、超分子水凝胶的形成机制

图5-14为超分子水凝胶的形成机制示意图。硫氰酸钾/乙二胺溶解作用下，纤维素和明胶分子间和分子内氢键发生解离，导致两种聚合物中超分子结构的解聚。循环冻融作用下，纤维素和明胶之间形成较强的分子间氢键，引起分子链重排，形成超分子结构。基于纤维素和明胶之间的氢键相互作用，通过循环冻融方法将两种天然聚合物结合，构建超分子水凝胶，可以有效避免交联剂或其他助剂的使用引起的安全问题。水凝胶的超分子结构中，纤维素是骨架，其与明胶结合形成稳定的超分子网络结构，而明胶诱导控制电荷以赋予水凝胶pH敏感性，同时CNF作为增强相提高了水凝胶的机械强度。整个体系中，天然聚合物结合在一起，各司其职地发挥作用，使超分子水凝胶具有良好的机械性能和优异的pH响应特性。

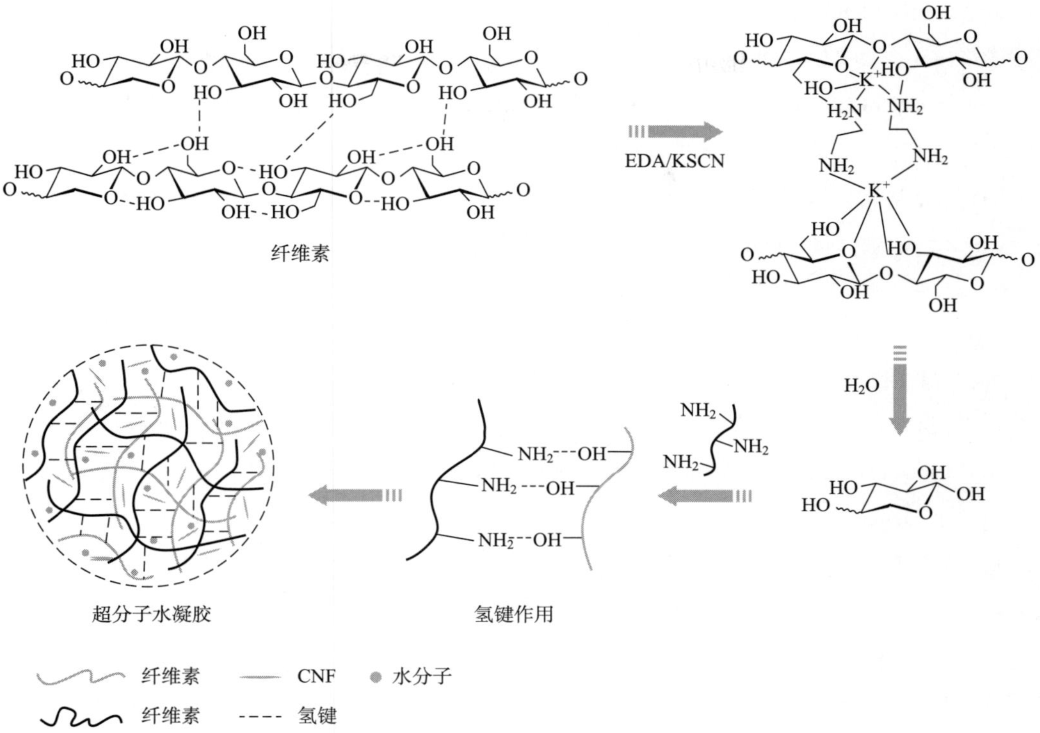

纤维素

EDA/KSCN

H₂O

超分子水凝胶　　　　氢键作用

纤维素　　　── CNF　　● 水分子
纤维素　　　---- 氢键

图5-14　超分子水凝胶的形成机制示意图

参考文献

[1] THET N, ALVES D, BEAN J, et al. Prototype development of the intelligent hydrogel wound dressing and its efficacy in the detection of model pathogenic wound biofilms [J]. ACS Applied Materials & Interfaces, 2016, 8(24): 14909–14919.

[2] GONZ LEZ-ALVAREZ M, GONZ LEZ-ALVAREZ I, BERMEJO M. Hydrogels: an interesting strategy for smart drug delivery [J]. Therapeutic Delivery, 2013, 4(2): 157–160.

[3] RICHTER A, PASCHEW G, KLATT S, et al. Review on hydrogel-based pH sensors and microsensors [J]. Sensors, 2008, 8(1): 561–581.

[4] YANG J, CHEN J, PAN D, et al. pH-sensitive interpenetrating network hydrogels based on chitosan derivatives and alginate for oral drug delivery [J]. Carbohydrate Polymers, 2013, 92(1): 719–725.

[5] CHA R, HE Z, NI Y. Preparation and characterization of thermal/pH-sensitive hydrogel from carboxylated nanocrystalline cellulose [J]. Carbohydrate Polymers, 2012, 88(2): 713–718.

[6] VRANA N E, O'GRADY A, KAY E, et al. Cell encapsulation within PVA-based hydrogels via freeze-thawing: a one-step scaffold formation and cell storage technique [J]. Journal of Tissue Engineering &

Regenerative Medicine, 2010, 3(7): 567–572.

[7] ABITBOL T, JOHNSTONE T, QUINN T M, et al. Reinforcement with cellulose nanocrystals of poly(vinyl alcohol) hydrogels prepared by cyclic freezing and thawing [J]. Soft Matter, 2011, 7(6): 2373–2379.

[8] BOY R, BOURHAM M, KOTEK R. Properties of cellulose–soy protein blend biofibers regenerated from an amine/salt solvent system [J]. Cellulose, 2016: 1–13.

[9] YOKOYAMA F, MASADA I, SHIMAMURA K, et al. Morphology and structure of highly elastic poly(vinyl alcohol) hydrogel prepared by repeated freezing-and-melting [J]. Colloid & Polymer Science, 1986, 264(7): 595–601.

[10] LU Y, SUN Q, YANG D, et al. Fabrication of mesoporous lignocellulose aerogels from wood via cyclic liquid nitrogen freezing–thawing in ionic liquid solution [J]. Journal of Materials Chemistry, 2012, 22(27): 13548–13557.

[11] BERNARDINELLI O D, LIMA M A, REZENDE C A, et al. Quantitative 13 C MultiCP solid-state NMR as a tool for evaluation of cellulose crystallinity index measured directly inside sugarcane biomass [J]. Biotechnology for Biofuels, 2015, 8(1): 1.

[12] WANG T, HONG M. Solid-state NMR investigations of cellulose structure and interactions with matrix polysaccharides in plant primary cell walls [J]. Journal of Experimental Botany, 2015: 416.

[13] VYALIKH A, SIMON P, ROSSEEVA E, et al. Intergrowth and interfacial structure of biomimetic fluorapatite–gelatin nanocomposite: a solid-state NMR study [J]. The Journal of Physical Chemistry B, 2014, 118(3): 724–730.

[14] LIU Y-M, CUI X, HAO C-M, et al. Modified gelatin with quaternary ammonium salts containing epoxide groups [J]. Chinese Chemical Letters, 2014, 25(8): 1193–1197.

[15] 裴莹, 张俐娜, 王慧媛, 等. 纤维素/明胶复合膜的超分子结构与性能 [J]. 高分子学报, 2011(9): 1098–1104.

[16] TAOKAEW S, SEETABHAWANG S, SIRIPONG P, et al. Biosynthesis and characterization of nanocellulose-gelatin films [J]. Materials, 2013, 6(3): 782–794.

[17] DASH R, FOSTON M, RAGAUSKAS A J. Improving the mechanical and thermal properties of gelatin hydrogels cross-linked by cellulose nanowhiskers [J]. Carbohydrate Polymers, 2013, 91(2): 638–45.

[18] ZHANG N, LIU X, YU L, et al. Phase composition and interface of starch–gelatin blends studied by synchrotron FTIR micro-spectroscopy [J]. Carbohydrate Polymers, 2013, 95(2): 649–53.

[19] WAREING T C, GENTILE P, PHAN A N. Biomass-based carbon dots: current development and future perspectives [J]. ACS Nano, 2021, 15(10): 15471–15501.

[20] RAMBABU N, PANTHAPULAKKAL S, SAIN M, et al. Production of nanocellulose fibers from pinecone biomass: evaluation and optimization of chemical and mechanical treatment conditions on

mechanical properties of nanocellulose films [J]. Industrial Crops and Products, 2016(83): 746–754.

[21] DEEPA B, ABRAHAM E, CORDEIRO N, et al. Utilization of various lignocellulosic biomass for the production of nanocellulose: a comparative study [J]. Cellulose, 2015, 22(2): 1075–1090.

[22] MIAO J J, YU Y Q, ZHANG L P. A new solvent for the industrial production of cellulose fibers: quaternary ammonium acetate[C]// Materials Science Forum, 2016: 1256–1264.

[23] SHANKAR S, TENG X, LI G, et al. Preparation, characterization, and antimicrobial activity of gelatin/ ZnO nanocomposite films [J]. Food Hydrocolloids, 2015(45): 264–271.

[24] JING W, CHUNXI Y, YIZAO W, et al. Laser patterning of bacterial cellulose hydrogel and its modification with gelatin and hydroxyapatite for bone tissue engineering [J]. Soft Materials, 2013, 11(2): 173–180.

[25] YIN O S, AHMAD I, AMIN M C I M. Effect of cellulose nanocrystals content and pH on swelling behaviour of gelatin based hydrogel [J]. Sains Malaysiana, 2015, 44(6): 793–9.

[26] SHI X, HU Y, TU K, et al. Electromechanical polyaniline–cellulose hydrogels with high compressive strength [J]. Soft Matter, 2013, 9(42): 10129–10134.

[27] RAGHAVENDRA G M, JAYARAMUDU T, VARAPRASAD K, et al. Microbial resistant nanocurcumin-gelatin-cellulose fibers for advanced medical applications [J]. RSC Advances, 2014, 4(7): 3494–3501.

[28] SANG H L, DOHERTY T V, LINHARDT R J, et al. Ionic liquid-mediated selective extraction of lignin from wood leading to enhanced enzymatic cellulose hydrolysis [J]. Biotechnology & Bioengineering, 2010, 102(5): 1368–76.

[29] BEAUMONT M, RENNHOFER H, OPIETNIK M, et al. A nanostructured cellulose II gel consisting of spherical particles [J]. Acs Sustainable Chemistry & Engineering, 2016, 4(8): 1–7.

[30] LIU W G, LI X W, YE G X, et al. A novel pH-sensitive gelatin&ndash: DNA semi-interpenetrating polymer network hydrogel [J]. Polymer International, 2010, 53(6): 675–680.

[31] ZENG M, FANG Z. Preparation of sub-micrometer porous membrane from chitosan/polyethylene glycol semi-IPN [J]. Journal of Membrane Science, 2004, 245(1): 95–102.

[32] ZHAO S-P, LI L-Y, CAO M-J, et al. pH-and thermo-sensitive semi-IPN hydrogels composed of chitosan, N-isopropylacrylamide, and poly (ethylene glycol)-co-poly (ε -caprolactone) macromer for drug delivery [J]. Polymer Bulletin, 2011, 66(8): 1075–1087.

[33] CUI L, JIA J, GUO Y, et al. Preparation and characterization of IPN hydrogels composed of chitosan and gelatin cross-linked by genipin [J]. Carbohydrate Polymers, 2014(99): 31–38.

第六章
———。

功能有机—无机纳米杂化纤维

杂化纳米纤维包含两种或两种以上不同的组分，通常是无机组分（金属离子、金属团簇或颗粒、盐、氧化物、硫化物、非金属元素及其衍生物等），以及有机成分（有机基团或分子、配体、生物分子、聚合物等）。它们是由特定的相互作用聚集在一起的，从而导致其功能特性的协同增强。杂化纳米纤维的构建可能涉及相互作用的层次结构，从分子的构建（共价键、π-络合等），到纳米级结合和自组装（各种分子间相互作用，包括静电作用、分散作用、氢键等），以及微观结构化（多种模式下的协同相互作用）。不同的组件和结构布局的组合与不同类型的相互作用，导致了几乎无限不同的特定功能的纤维材料。杂化纳米纤维的设计，如可穿戴设备、刺激响应智能材料和传感器的开发，为纤维应用研究领域的快速进展提供了杰出的驱动力。

第一节　纳米纤维素／糯米灰浆杂化材料

糯米灰浆是中国古代发明的一种重要的有机—无机杂化材料，糯米灰浆中的有机成分是糯米，无机成分主要为石灰，它具有很强的韧性和耐久性，作为建筑黏结材料广泛应用于古代宫殿、陵寝、防护工程、城墙的建造中[1-3]。糯米灰浆固化过程中，糯米浆在形成的碳酸钙晶粒间均匀分布，两者之间相互包裹，构成有机—无机协同作用的复合结构，赋予糯米灰浆较好的强度和韧性[4]。糯米作为生物多糖，可以作为模板剂对生物矿化过程进行调控，调节无机离子在结晶过程中形成晶粒的形貌、结构和尺寸[5,6]。利用纳米纤维素既具有生物多糖的性质，同时又具有纳米微粒的高强度、高结晶度、高弹性模数等特性，本节将纳米纤维素用于糯米灰浆的制备，构建具有优异性能的有机—无机杂化材料。

一、纳米纤维素／糯米灰浆杂化材料的制备

将制备好的纳米纤维素悬浮液在 $-60℃$ 条件下进行冷冻干燥48h，得到纳米纤维素粉末。取一定量的纳米纤维素粉末加入到质量分数6%的糯米浆中，充分搅拌混合均匀，然后加入一定量的氢氧化钙，以转速500r/min搅拌2h，控制糯米／$Ca(OH)_2$的质量比，H_2O／$Ca(OH)_2$的质量比分别为0.05和1.27。将混合均匀的糯米灰浆、纳米纤维素混合液注模成型，在湿度50%~75%、温度20~25℃条件下，固化30~150天，得到的纳米纤维素／糯米灰

浆复合材料标记为SRLMN。

二、结果与分析

（一）表面硬度分析

图6-1（a）为固化时间120天时，不同的纳米纤维素添加量对复合材料表面硬度的影响。与未添加纳米纤维素的糯米灰浆试样相比，随着纳米纤维素含量的增加，复合材料的表面硬度呈增大趋势，纳米纤维素的质量分数为3%时，表面硬度达到76，较糯米灰浆增加了48.4%。图6-1（b）为纳米纤维素添加量2%时，不同的固化时间对复合材料表面

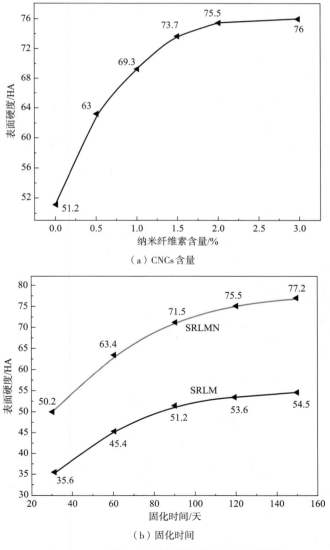

（a）CNCs含量

（b）固化时间

图6-1　不同影响因素对复合材料表面硬度的影响

硬度的影响。测试结果显示，糯米灰浆（SRLM）及纳米纤维素/糯米灰浆纳米复合材料（SRLMN）的表面硬度都随固化时间的增加而增大，固化时间150天时，复合材料的表面硬度达到77.2，较固化时间30天时的表面硬度增加了41.65%，而糯米灰浆的表面硬度仅为54.5，远小于复合材料。主要原因在于，纳米纤维素内部含有空腔结构，可以储存部分自由水，避免了碳化过程中水分的过快蒸发，促进了碳化反应的进行[7, 8]，随着固化时间的增加，纳米纤维素/糯米灰浆纳米复合材料的碳化程度增强，其形成的结构更为致密，使其表面硬度增加。

（二）抗压强度分析

图6-2（a）为固化时间90天，不同纳米纤维素添加量对复合材料抗压强度的影响。与未添加纳米纤维素的糯米灰浆试样相比，纳米纤维素/糯米灰浆纳米复合材料的抗压强度随着纳米纤维素含量的增加逐渐增大，纳米纤维素的质量分数为3%时，抗压强度达到2.2MPa，较糯米灰浆试样增加了162%。图6-2（b）为纳米纤维素质量分数为2%时，不同的固化时间对复合材料抗压强度的影响。测试结果显示，随着固化时间的延长，糯米灰浆和纳米纤维素/糯米灰浆纳米复合材料的抗压强度都逐渐增大，固化时间150天时，复合材料的抗压强度达到2.75MPa，较固化时间30天时的抗压强度增加了41.65%，而糯米灰浆的抗压强度只有1.4MPa。碳化反应过程中，氢氧化钙与二氧化碳反应形成碳酸钙晶体，随着固化时间的增加，碳化程度增强，生成的碳酸钙的含量增加，复合材料的抗压强度增强[9]；而且纳米纤维素具有较高的强度，无数细小的棒状纳米纤维素颗粒在糯米灰浆中交错分布，与形成的碳酸钙颗粒紧密结合，形成致密的三维网状结构，提高了纳米纤维素/糯米灰浆纳米复合材料的强度[10]。

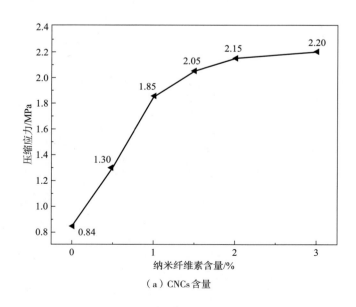

（a）CNCs含量

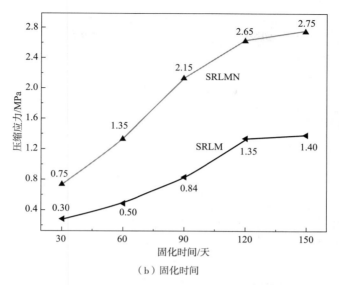

图6-2　不同影响因素对复合材料抗压强度的影响

（三）耐冻融性能分析

图6-3（a）为固化时间120天，不同纤维素添加量对复合材料耐冻融性能的影响。与未添加纤维素的糯米灰浆试样相比，添加了纤维素和纳米纤维素的复合材料的耐冻融性能显著提高，纳米纤维素的质量分数为3%时，耐冻融循环次数达到11，而不含纤维的糯米灰浆试样，冻融循环5次以后，样品就发生开裂，其耐冻融性能较糯米灰浆试样增加了120%。图6-3（b）为纳米纤维素质量分数为2%时，不同的固化时间对复合材料耐冻融

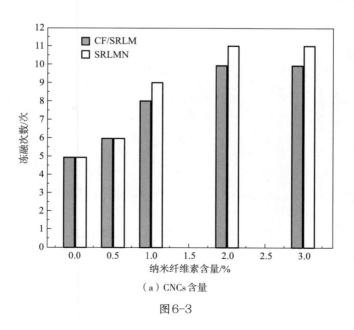

（a）CNCs含量

图6-3

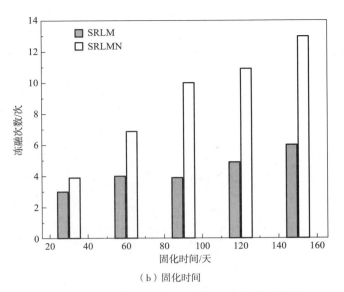

（b）固化时间

图6-3　不同影响因素对复合材料耐冻融性能的影响

性能的影响。测试结果显示，随着固化时间的延长，复合材料的耐冻融性能逐渐增强，固化时间150天时，复合材料的耐冻融循环次数达到13，较固化时间30天时增加了225%。

图6-4（a）为复合材料试样在冻融循环测试前的表面形貌，图6-4（b）为冻融循环11次后试样的表面形貌，由图可知，冻融循环11次后，部分纳米纤维素/糯米灰浆纳米复合材料的表面仍能保持原貌，未发生破裂，显示出复合材料良好的耐冻融性能。纳米纤维素/糯米灰浆纳米复合材料碳化过程中，纳米纤维素交错分布在糯米灰浆中，起到骨架作用，使形成的碳酸钙晶粒紧密排列，随着固化时间的增加，复合材料的结构更为致密，其对冻融循环的抵抗性显著增强[11, 12]。

（a）冻融循环前试样的表面形貌　　（b）冻融循环后试样的表面形貌

图6-4　冻融过程对试样表面形貌的影响

（四）微观形貌分析

图6-5（a）为采用的纳米纤维素的微观形貌，图6-5（b）、图6-5（c）分别为糯米灰

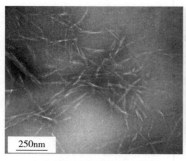
（a）纳米纤维素的TEM谱图

（b）糯米灰浆的SEM谱图

（c）复合材料的SEM谱图

图6-5　复合材料微观形貌分析

浆和纳米纤维素/糯米灰浆纳米复合材料的微观形貌。对比糯米灰浆和复合材料的微观形貌图可知，糯米灰浆试样的碳酸钙颗粒呈片状，结构较为疏松，加入纳米纤维素形成的复合材料试样的碳酸钙颗粒尺寸减小，并且这些微小的颗粒紧密交错，形成了更为致密的结构。复合材料的强度及耐冻融性能与材料的孔隙度呈负相关，结构越致密，复合材料的力学性能越好，这也是纳米纤维素/糯米灰浆纳米复合材料的抗压强度和耐冻融性能显著增强的重要原因。复合材料试样的碳酸钙颗粒粒径的减小，主要是由糯米和纳米纤维素作为生物质多糖对碳酸钙晶体形成过程的特殊调控作用造成的[13]。而且，钙离子与纳米纤维素上的羟基之间的共价键作用，对于复合材料的结合强度也有促进作用[14]。

（五）傅里叶变换红外光谱分析

图6-6为纳米纤维素/糯米灰浆纳米复合材料的表面和内部成分的FTIR谱图。两者在

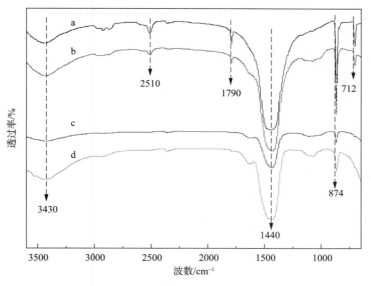

图6-6　傅里叶变换红外光谱分析图

3430cm⁻¹附近均有一较强的吸收峰，对应于羟基的O—H伸缩振动吸收；复合材料表面成分的FTIR谱图中，在2510cm⁻¹、1790cm⁻¹、1440cm⁻¹、874cm⁻¹和712cm⁻¹处出现吸收峰，与碳酸钙方解石晶型的特征吸收峰相吻合[15]，表明复合材料表面成分中的无机成分主要为方解石晶型的碳酸钙。1790cm⁻¹和712cm⁻¹处的吸收峰对应碳酸根离子中C—O弯曲振动[16]，而在复合材料内部成分的FTIR谱图中并未出现这两个吸收峰，其FTIR谱图与氢氧化钙的FTIR谱图相吻合，说明复合材料内部成分中的无机成分主要为氢氧化钙。上述分析结果表明复合材料固化过程中，表层的氢氧化钙首先与空气中的二氧化碳发生反应形成碳酸钙，然后碳化反应逐渐深入内部。由于碳化反应的速率较低，复合材料内部的完全碳化需要较长的时间。

（六）复合材料成分分析

图6-7是纳米纤维素/糯米灰浆纳米复合材料和糯米灰浆的热重分析结果。复合材料中碳酸钙的含量可以通过计算热重分析中二氧化碳气体的释放量来确定，按公式（6-1）计算。

$$W(\text{CaCO}_3)\% = \frac{M(\text{CaCO}_3)}{M(\text{CO}_2)} \times W(\text{CO}_2)\% \qquad (6-1)$$

式中：$W(\text{CO}_2)$代表CO_2的释放量；$M(\text{CaCO}_3)$和$M(\text{CO}_2)$分别表示CaCO_3和CO_2的分子量。

由图6-7可知，350~450℃的质量损失是复合材料中的有机成分（糯米）的热分解造成的，其中热分解速率达到最大时的温度为420℃，对应于葡萄糖单元的热分解[17]。600~750℃的质量损失是由碳酸钙的热分解造成的[18]，其中热分解速率达到最大时的温度为700℃。复合材料在此温度段内的质量损失为26.4%，糯米灰浆的质量损失为33.66%，

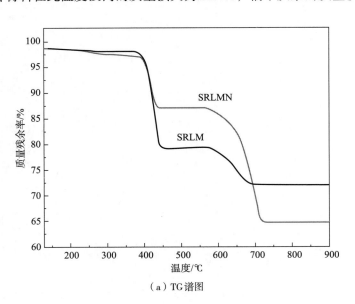

（a）TG谱图

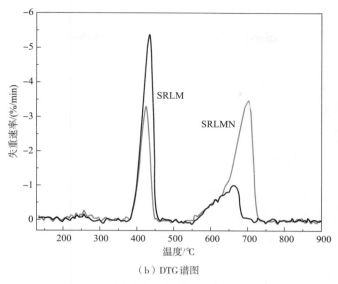

（b）DTG谱图

图6-7　糯米灰浆和复合材料的热性能分析

损失的质量即为碳酸钙分解过程中释放出的二氧化碳的量。根据公式（6-1）计算得出复合材料中碳酸钙含量为76.5%，糯米灰浆中碳酸钙含量为60%。计算结果表明，纳米纤维素/糯米灰浆纳米复合材料中的主要无机成分为碳酸钙，且其碳化程度明显高于糯米灰浆，这也是复合材料具有较高的抗压强度的主要原因。如前所述，纳米纤维素内部空腔结构中储存的自由水，提供了碳化过程所必需的水分的补充，随着碳化反应的进行，水分不断被消耗，空腔中的自由水开始释放，促进了碳化反应的持续进行，使碳化程度不断增强，形成的碳酸钙含量增加。

（七）晶体结构分析

图6-8为糯米灰浆和纳米纤维素/糯米灰浆纳米复合材料的XRD衍射图。由XRD谱图可知，糯米灰浆及复合材料中均含有未碳化的氢氧化钙和形成的碳酸钙晶体。糯米灰浆及复合材料内部结构中的氢氧化钙衍射峰强度均高于表面部分，表明试样内部结构中的氢氧化钙含量较表面部分高，试样内部的碳化程度较低。与糯米灰浆相比，纳米纤维素/糯米灰浆纳米复合材料中的碳酸钙的衍射峰强度明显高于糯米灰浆，说明复合材料中的碳酸钙晶体的含量较高，复合材料的碳化程度较高。研究表明，生物质多糖对于生物矿化过程具有特殊的调控作用，纳米纤维素作为一种天然多糖物质，能够促进氢氧化钙碳化过程的进行，调控形成的碳酸钙晶粒的尺寸、形貌和结构[19]。同时，纳米纤维素中储存的部分自由水，提供了碳化过程早期所必需的水分补充，促进了碳化过程的持续进行，使形成的碳酸钙晶体的含量增加[13,14]。

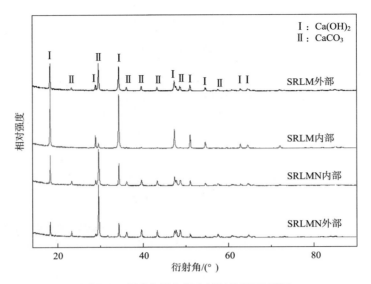

图6-8　糯米灰浆和复合材料的XRD谱图

第二节　纤维素基有机—无机杂化复合膜

羧甲基纤维素（CMC）属于纤维素醚类里应用最广的精细化工产品，工业上为钠盐，主要来源为针叶木浆纤维或棉毛纤维，无毒且低过敏性[20]。因为本身具有很高黏度，在食品行业中常作为增稠剂或稳定剂使用，在制造业、工业上也得到广泛运用，如牙膏、水性涂料、清洁剂、纺织浆料及各种纸制品[21, 22]。明胶是由各种动物源性胶原产物水解得到的无味无色半透明物质。其生物亲和性和可降解性良好，常在食物产业、医学药物、摄影、化妆品制造中作为凝胶剂使用[23-27]。海泡石是一种由硅酸镁构成的灰白色或奶油色柔软黏土矿物，其结构复杂，具有低密度、高孔隙率等特点。海泡石主要化学成分是硅（Si）和镁（Mg），具有硅氧四面体与镁氧八面体相互交错的特殊结构单元，可以纤维、细颗粒和固体等形式存在[28]。海泡石具有较强的吸附性，可应用在脱色、分散和催化等领域，热稳定性亦很高，高温可达到1600~1700℃，且容易造型。纤维素的多官能团特征与海泡石的大比表面积结构间的协同作用被认为是混合吸附剂产生优异性能的关键因素。

本节利用双醛羧甲基纤维素（DCMC）和明胶分子间席夫碱键交联作用[29]，实现明胶在水溶液体系中的应用，并在超声均匀分散条件下进一步填充海泡石，改善复合膜的力学性质和耐水性。通过改变海泡石添加量，发现加入海泡石后的双醛羧甲基纤维素/明胶/海泡石复合膜虽然透明度有所降低，但是复合膜的力学性能、热稳定性和吸附能力都有较大提高。由于石油基塑料会造成不可生物降解、不可再生等环境问题，故此类环保材料可作为替代品，应用于工业净化、污水治理、医用吸附等领域。

一、双醛羧甲基纤维素／明胶／海泡石复合膜的制备

如图6-9所示，取5g明胶和1g DCMC放入250mL的圆底烧瓶中，加入94mL的去离子水后，置于50℃水浴中搅拌60min，使明胶和DCMC完全溶解。随后加入一定量海泡石（0.1g、0.25g、0.5g、0.75g、1g）和3mL甘油，在60℃下超声（800W）搅拌3h，使海泡石均匀分散于混合溶液中。反应结束后，将适量混合溶液倒入90mm培养皿中平铺成膜，室温下静置24h，使明胶和DCMC充分交联。随后将混合膜置于40℃真空干燥箱中干燥3天，即得复合薄膜。样品按加入海泡石质量不同分别标记为G-0H、G-0.1H、G-0.25H、G-0.5H、G-0.75H、G-1.0H。

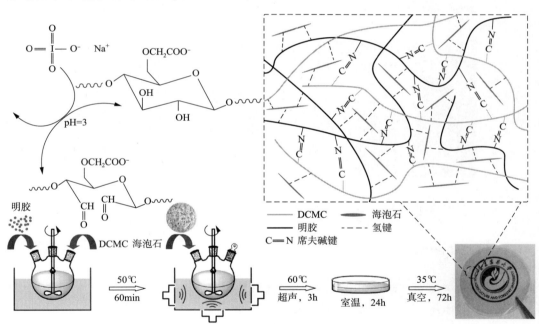

图6-9　双醛羧甲基纤维素／明胶／海泡石复合膜制备流程及反应机理示意图

二、结果与分析

（一）微观形貌分析

图6-10为DCMC交联明胶海泡石复合膜的SEM图。从图中可以看出，DCMC/明胶膜（G-0H）断面结构比较均匀，形态无孔致密［图6-10（a）］，随着海泡石的加入，断面

中出现白色点状凸起和针状纳米级纤丝，这是薄膜脆断后穿插其间的海泡石从基体中暴露刺出而成［图6-10（b）］。当海泡石含量继续增大时，断面中可见的海泡石纤维也随之增加，且无明显的团聚。海泡石呈细长纤维状，互相交错均匀分布于复合膜中，从而较好地改善了复合膜的力学性能［图6-10（c）］。当海泡石含量增加至1g时，复合膜断面出现显著的团聚现象，微纤维的聚集使内部结构扭结成团。此外，视野中观察到许多细小的微纳米孔洞，这是团聚的海泡石纤维束在薄膜脆断时从基体中拔出所致［图6-10（d）］。

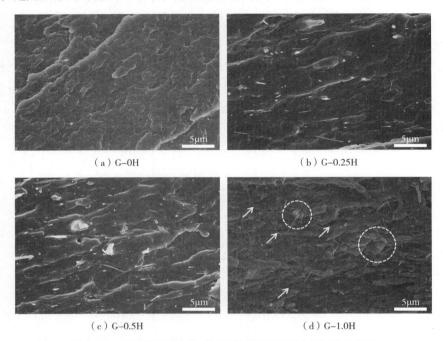

（a）G-0H　　　　　　　　　　　　　　（b）G-0.25H

（c）G-0.5H　　　　　　　　　　　　　（d）G-1.0H

图6-10　双醛羧甲基纤维素/明胶/海泡石复合膜扫描电镜图

（二）傅里叶变换红外光谱分析

图6-11（a）为CMC与DCMC和复合膜（G-0.5H）的红外光谱图。谱图中3467cm^{-1}和2929cm^{-1}处CMC与DCMC和复合膜有相同的吸收峰。3467cm^{-1}为纤维素羟基O—H的伸缩振动吸收峰[30]；波数为2929cm^{-1}处的吸收峰，对应纤维素中C—H的伸缩振动吸收吸收峰[31]。1166cm^{-1}和1061cm^{-1}波长附近分别对应羧甲基纤维素中C—C骨架和纤维素醇C—O伸缩振动吸收峰[32]。DCMC的红外光谱图在波数为1730cm^{-1}处存在差异，此吸收峰为醛基的C=O伸缩振动[33]，CMC的红外光谱图中没有此峰，同时CMC中1166cm^{-1}和1061cm^{-1}波长附近峰强度减弱或消失，可以证明通过高碘酸钠成功将羧甲基纤维素（CMC）上的羟基氧化为醛基，制备了双醛羧甲基纤维素，实验测定醛基含量为0.283mmol/g。在形成复合材料后，复合膜在1730cm^{-1}处无吸收峰，而复合膜在1639cm^{-1}处的吸收峰为C=N伸缩振动峰[34]，进一步证明DCMC与明胶之间通过席夫碱键（C=N）化学结合[35]，如图6-11（b）所示。

生物质纳米纤维

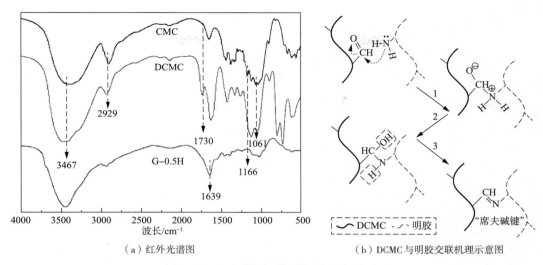

| （a）红外光谱图 | （b）DCMC与明胶交联机理示意图 |

图6-11　复合膜的红外光谱及交联机理图

（三）热稳定性分析

图6-12所示分别为G-0H（海泡石添加量0g）、G-0.5H（海泡石添加量0.5g）、G-1.0H（海泡石添加量1g）的复合膜TG及DTG分析曲线图。从图中可以看出，DCMC交联明胶复合膜的热稳定性随海泡石含量增加而不断增大。三种复合材料均在温度为250℃左右时开始失重，且失重过程都分为两个阶段：第一个阶段在100~200℃范围内，主要是由少量的吸附水蒸发所致，此时失重比例很小，为7%~9%；第二个阶段在250~350℃范围内，3种复合材料均出现不同幅度的严重失重现象，G-1.0H失重约为40%，最大热失重速率温度为347℃；G-0.5H失重比例在45%左右，最大热失重速率温度为328℃；而未添加海泡石的样品（G-0H）失重则高达60%，最大热失重速率温度为322℃。从样品DTG曲线可知，随着海泡石含量上升，其最大分解峰出现温度分别为322℃、328℃和347℃，热分解峰值温度向高温区移动，说明加入一定量海泡石可使热稳定性逐步增强。这一阶段复合材料由于温度过高出现降解，此时DCMC/明胶分子链周围的海泡石纤维Si-O-Si、Si-O-Mg无机杂化网络贯穿于有机碳链之间，且两相间通过Si—OH和DCMC/明胶之间较强的氢键相互作用使网络交联密度增加，从而抑制分子链热运动，减缓热降解，对组分中有机质起到保护作用[36, 37]。对比分析可知，海泡石的加入能够显著改善复合膜的热稳定性。此外，在388~600℃范围内为煅烧阶段，失重率趋于平缓，有机—无机杂化薄膜最终质量残余率较DCMC/明胶薄膜由29.7%（G-0H）分别提高至34%（G-0.5H）和38.1%（G-1H）。这主要是由于无机海泡石中Si—O键、Mg—O键键能高于有机C—C键，热分解需要吸收更多能量，因此质量残余率升高，热稳定性增强。

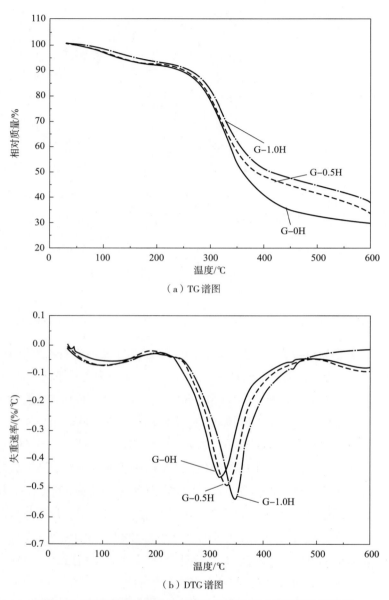

（a）TG谱图

（b）DTG谱图

图6-12　双醛羧甲基纤维素/明胶/海泡石复合膜的热性能分析

（四）力学性能分析

　　海泡石硅氧多面体结构中含有丰富的羟基官能团，可与DCMC/明胶基体形成紧密的氢键结合，从而提高复合膜宏观力学性能。图6-13为复合膜拉伸强度和断裂伸长率随海泡石含量变化图，通过力学表征测试，可以分别得到DCMC/明胶/海泡石复合膜随海泡石含量变化的拉伸强度、断裂伸长率变化曲线。由图6-13可知，海泡石的添加量对复合材料拉伸应力有着显著影响，在含量为0.1g时拉伸强度达到131MPa，当加入海泡石0.5g时，拉

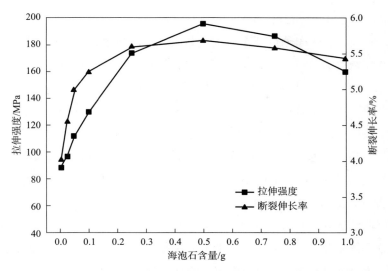

图6-13　海泡石含量对复合膜拉伸强度和断裂伸长率的影响

伸强度上升至最大值196MPa，之后随海泡石含量增加而逐渐减小。同时，断裂伸长率随着海泡石含量增加也呈上升趋势，当海泡石含量增至0.5g时，断裂伸长率达到5.6%，随后缓慢下降趋于平缓；数据表明，在一定添加量范围内，海泡石与DCMC/明胶基质通过氢键作用使复合膜的力学性能显著提高，但过多的海泡石反而使复合膜力学性能下降，这主要是由于过量海泡石会在薄膜内部产生团聚（图6-10）导致分散不均匀。综合分析可知，海泡石含量为0.5g的DCMC交联明胶/海泡石复合膜力学性能最优。

（五）吸附性能分析

复合膜的吸附性能采取如下方法分析：各称取0.05g不同海泡石添加量的复合薄膜置于150mL锥形瓶中，分别加入100mL浓度为200mg/L的亚甲基蓝（MB）、孔雀石绿（MG）和藏红T（ST）溶液。所得混合物在恒温振荡器中在25℃下以150r/min的恒定速度振荡24h。使用紫外分光光度计测定吸附后溶液吸光度，通过式（6-2）计算平衡吸附量 q（mg/g）。

$$q = \frac{c_0 - c_1}{m} \times V \qquad (6-2)$$

式中：c_0、c_1 分别为溶液初始浓度和吸附后浓度（mg/L）；m 为薄膜质量（g）；V 为染料溶液体积（L）。

选用G-0.5H薄膜进行脱附循环实验。依上述方法完成第一次吸附后，将样品置于250mL锥形瓶中，加入150mL浓度0.2mol/L的HCl溶液，25℃恒温振荡12h进行脱附再生，样品取出用蒸馏水洗涤数次后进行下一轮实验，共循环5次[38]。使用紫外分光光度计测定每次循环后溶液吸光度并计算吸附量。

孔隙率高、比表面积大等特点赋予了海泡石很强的吸附性能。分别选取亚甲基蓝

（MB）、孔雀石绿（MG）和藏红T（ST）3种常见染料，表征在不同海泡石添加量（0g、0.1g、0.25g、0.5g、0.75g、1g）下复合膜的最大吸附量。图6-14（a）的吸附变化趋势表明，在染料初始浓度为200mg/L条件下，随体系中海泡石量的不断增加，材料对三种染料吸附量均呈上升趋势。从图6-15中不同染料分子结构示意图可知，所选染料在水溶液中电离后均带正电荷。在未添加海泡石（0g）时，DCMC/明胶复合膜具备一定吸附能力。这是由于薄膜在溶液中浸泡后吸水润胀产生部分通道，部分染料分子通过范德华力和分子间氢键作用进行了吸附，同时DCMC分子链和明胶肽链上的羧基电离后带负电荷（—COO$^-$），与带正电的有机染料分子存在静电结合，产生了较强吸附效果[39]。添加海泡石后，亚甲基蓝在海泡石含量较低时（0.1g），吸附量与其余两种染料无较大差别，随着海泡石比例增加，其最大吸附值逐渐高于另外两组。这主要是因为相较于孔雀石绿和藏红T，亚甲基蓝分子量低，分子体积较小，因而更容易大量进入海泡石内部孔道，使复合薄膜产生更好的吸附作用[40]。从图6-14（a）中可以看出，添加海泡石大于0.5g时，3种染料吸附量均超过200mg/g，图6-14（b）表明HCl溶液可使有机染料从材料中有效脱附，而随着循环过程的进行，其吸附性能呈逐渐降低趋势，5次循环后吸附量分别降低至初次吸附时的37%（MB）、43%（MG）和42%（ST）。由于H$^+$体积很小，进入海泡石孔隙中可与阳离子染料产生竞争吸附而使染料解吸，但经多次处理后的吸附剂分子间极性官能团斥力减弱，邻近基团易产生静电聚集作用，使可供染料结合的活性位点降低[38]。从图6-15中可直观看出不同海泡石含量复合膜吸附后染料溶液颜色变化。双醛羧甲基纤维素/明胶/海泡石复合薄膜良好的吸附性能在医用吸附和环境改善方面有较好的应用前景。

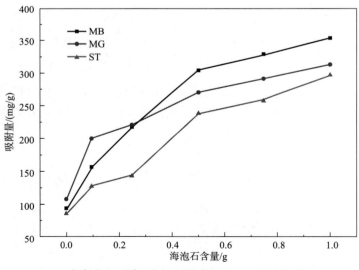

（a）复合膜对三种常见染料吸附量随海泡石含量的变化趋势

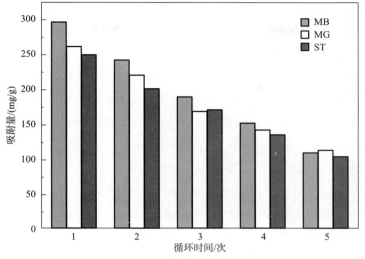

（b）G-0.5H的再生循环吸附性能

图6-14　复合膜的吸附性能分析

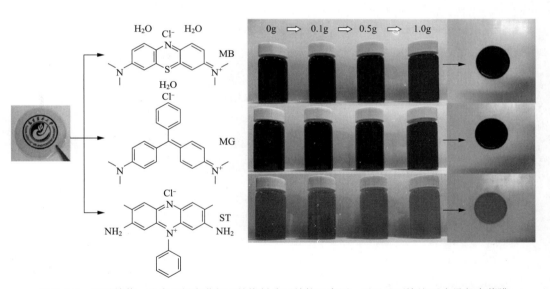

图6-15　亚甲基蓝、孔雀石绿和藏红T的染料分子结构示意图，以及不同海泡石含量复合薄膜
吸附后染料溶液和样品颜色变化（见文后彩图8）

参考文献

[1] FANG S Q, ZHANG H, ZHANG B J, et al. The identification of organic additives in traditional lime mortar[J]. Journal of Cultural Heritage, 2014, 15(2): 144–150.

[2] WANG Y. Discussion on application prospect of starch-based adhesives on architectural gel materials[C].

Advanced Materials Research. 2011(250): 800–803.

[3] ZHANG B-J. Study on the mechanism of liesegang pattern development during carbonating of traditional sticky rice-lime mortar[J]. Spectroscopy and Spectral Analysis, 2012, 32(8): 2181–2184.

[4] ZHU X-R, LI X-S, ZHANG X-H, et al. The effect of modified glutinous rice starch on the performance of the architectural mortar[J]. Journal of Science of Teachers'College and University, 2012(2): 28.

[5] LEI LH, XIAO Y, TANG JH. Study on engineering characteristics and application of sticky rice[J]. Agricultural Science & Technology, 2015, 16(12): 2890–2896.

[6] YANG L, ZHANG X, LIAO Z, et al. Interfacial molecular recognition between polysaccharides and calcium carbonate during crystallization[J]. Journal of Inorganic Biochemistry, 2003, 97(4): 377–383.

[7] IZAGUIRRE A, LANAS J, ALVAREZ J I. Ageing of lime mortars with admixtures: durability and strength assessment[J]. Cement and Concrete Research, 2010, 40(7): 1081–1095.

[8] CAZALLA O, RODRIGUEZ-NAVARRO C, SEBASTIAN E, et al. Aging of lime putty: effects on traditional lime mortar carbonation[J]. Journal of the American Ceramic Society, 2000, 83(5): 1070–1076.

[9] RAMPAZZI L, COLOMBINI M, CONTI C, et al. Technology of medieval mortars: an investigation into the use of organic additives[J]. Archaeometry, 2016, 58(1): 115–130.

[10] ALTOUBAT S A, LANGE D A. Creep, shrinkage, and cracking of restrained concrete at early age[J]. ACI Materials Journal, 2001, 98(4): 323–331.

[11] DE SILVA P, BUCEA L, MOOREHEAD D, et al. Carbonate binders: reaction kinetics, strength and microstructure[J]. Cement and Concrete Composites, 2006, 28(7): 613–620.

[12] QU J, LIU J, HE L. Synthesis and evaluation of fluorosilicone-modified starch for protection of historic stone[J]. Journal of Applied Polymer Science, 2015, 132(11): 1–10.

[13] ARIAS J L, FERNÁNDEZ M A S. Polysaccharides and proteoglycans in calcium carbonate-based biomineralization[J]. Chemical Reviews, 2008, 108(11): 4475–4482.

[14] FERN NDEZ-MU OZ J L, ZELAYA-ANGEL O, CRUZ-OREA A, et al. Phase transitions in amylose and amylopectin under the influence of Ca (OH), in aqueous solution[J]. Analytical Sciences/ Supplements, 2002, 17(0): s338–s341.

[15] YANG FW, ZHANG BJ, ZENG YY, et al. Exploratory research on the scientific nature and application of traditional sticky rice mortar[J]. Palace Museum Journal, 2008(5): 105–114.

[16] LUO Y-B, ZHANG Y-J. Investigation of sticky-rice lime mortar of the Horse Stopped Wall in Jiange[J]. Heritage Science, 2013, 1(1): 1–5.

[17] VEL SQUEZ-COCK J, GA N P, POSADA P, et al. Influence of combined mechanical treatments on the morphology and structure of cellulose nanofibrils: thermal and mechanical properties of the resulting films[J]. Industrial Crops and Products, 2016(85): 1–10.

[18] GENESTAR C, PONS C, M S A. Analytical characterisation of ancient mortars from the archaeological

生物质纳米纤维

Roman city of Pollentia (Balearic Islands, Spain)[J]. Analytica Chimica Acta, 2006, 557(1): 373–379.

[19] DICKINSON S R, MCGRATH K. Aqueous precipitation of calcium carbonate modified by hydroxyl-containing compounds[J]. Crystal Growth & Design, 2004, 4(6): 1411–1418.

[20] 卜新平. 纤维素醚市场现状及发展趋势[J]. 化学工业, 2008(3): 51–60.

[21] 丁婷婷, 李倩, 金贞福, 等. 纳米化竹粉/羧甲基纤维素复合膜材料制备及性能研究[J]. 林业工程学报, 2017, 2(5): 90–94.

[22] 贺杨, 吴淑茗, 卢思荣. 毛竹笋壳制备羧甲基纤维素[J]. 化工进展, 2013, 32(10): 2453–2458.

[23] 李芳, 王全杰, 侯立杰, 等. 明胶微胶囊的应用现状与发展趋势[C]//中国皮革协会皮革化工专业委员会, 中国化工学会精细化工业委员会. 2010年全国皮革化学品会议论文集, 2010: 252–257.

[24] 徐雄立. 新型医用敷料——明胶基抗菌纳米纤维水凝胶的制备及其环境影响研究[D]. 上海: 东华大学, 2009.

[25] 吴邦耀, 罗卓荆, 孟浩, 等. 胶原—明胶支架材料交联改性的制备及细胞毒性实验研究[J]. 生物医学工程与临床, 2007, 11(6): 420–425.

[26] ZHANG X, DO M D, CASEY P, et al. Chemical modification of gelatin by a natural phenolic cross-linker, tannic acid [J]. Journal of Agricultural and Food Chemistry, 2010, 58(11): 6809–6815.

[27] 陈朝晖, 王则臻, 杨超. 降解壳聚糖/明胶复合微球的制备及其对活性染料吸附性能研究[J]. 化工新型材料, 2019, 46(12): 286–9.

[28] AKY Z S, AKY Z T, YAKAR A. FT-IR spectroscopic investigation of adsorption of 3-aminopyridine on sepiolite and montmorillonite from Anatolia [J]. Journal of Molecular Structure, 2001(565): 487–491.

[29] 林凤采, 汪雪琴, 杨旋, 等. 一步法制备双醛基微纤化纤维素及其明胶复合膜[J]. 化工进展, 2018, 37(4): 1522–1528.

[30] 鲍文毅, 徐晨, 宋飞, 等. 纤维素/壳聚糖共混透明膜的制备及阻隔抗菌性能研究[J]. 石油钻探技术, 2015(1): 49–56.

[31] 韩景泉, 丁琴琴, 鲍雅倩, 等. 纤维素纳米纤丝增强导电水凝胶的合成与表征[J]. 林业工程学报, 2017, 2(1): 84–89.

[32] TANG H, BUTCHOSA N, ZHOU Q. A transparent, hazy, and strong macroscopic ribbon of oriented cellulose nanofibrils bearing poly (ethylene glycol) [J]. Advanced Materials, 2015, 27(12): 2070–2076.

[33] MU C, GUO J, LI X, et al. Preparation and properties of dialdehyde carboxymethyl cellulose crosslinked gelatin edible films [J]. Food Hydrocolloids, 2012, 27(1): 22–29.

[34] CALVINI P, GORASSINI A, LUCIANO G, et al. FTIR and WAXS analysis of periodate oxycellulose: evidence for a cluster mechanism of oxidation [J]. Vibrational Spectroscopy, 2006, 40(2): 177–183.

[35] LU T, LI Q, CHEN W, et al. Composite aerogels based on dialdehyde nanocellulose and collagen for potential applications as wound dressing and tissue engineering scaffold [J]. Composites Science and Technology, 2014(94): 132–138.

[36] KICKELBICK G. Concepts for the incorporation of inorganic building blocks into organic polymers on a nanoscale [J]. Progress in Polymer Science, 2003, 28(1): 83–114.

[37] BUASRI A, LIANGRAKSA K, SIRISOM T, et al. Characterization and thermal properties of sol-gel processed PMMA/SiO$_2$ hybrid materials[J]. Advanced Materials Research, 2008(52–57): 749–752.

[38] LIN F, YOU Y, YANG X, et al. Microwave-assisted facile synthesis of TEMPO-oxidized cellulose beads with high adsorption capacity for organic dyes [J]. Cellulose, 2017, 24(11): 5025–40.

[39] 贺宝元, 南波, 孙帅. 明胶微球的制备及对阳离子染料的脱色性能[J]. 印染, 2014, 40(13): 5–8, 22.

[40] RUIZ-HITZKY E. Molecular access to intracrystalline tunnels of sepioliteBasis of a presentation given at Materials [J]. Journal of Materials Chemistry, 2001, 11(1): 86–91.

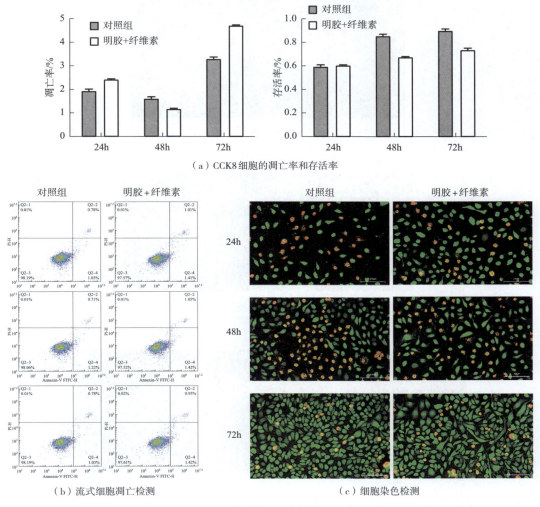

（a）CCK8细胞的凋亡率和存活率

（b）流式细胞凋亡检测

（c）细胞染色检测

彩图1　Gel/DNCC的流式细胞检测和细胞染色检测图（见正文第61页图3-29）

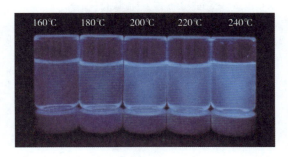

彩图2　不同水热温度的碳点溶液在紫外灯照射下的照片（E_x=365nm）（见正文第86页图4-7）

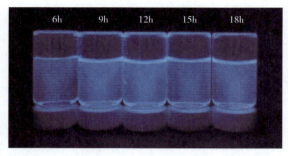

彩图3　不同水热时间的碳点溶液在紫外灯照射下的照片（E_x=365nm）（见正文第88页图4-9）

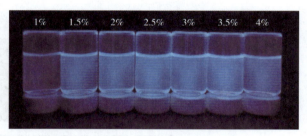

彩图4　不同壳聚糖溶解浓度的碳点溶液在紫外灯照射下的照片（E_x=365nm）（见正文第90页图4-11）

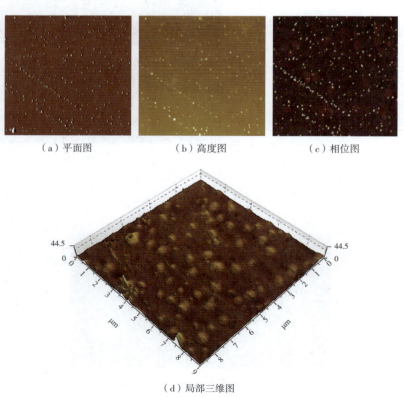

（a）平面图　　　　　（b）高度图　　　　　（c）相位图

（d）局部三维图

彩图5　CDs的AFM图像（扫描尺寸2μm×2μm）（见正文第91页图4-12）

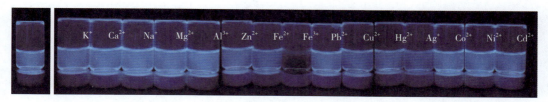

彩图6　添加1mg不同金属离子的碳点溶液在紫外灯照射下的照片（E_x=365nm，0为空白组）
（见正文第96页图4-16）

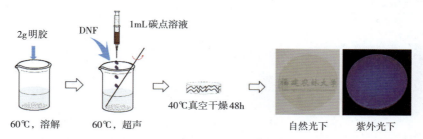

彩图7　纳米纤维素/明胶荧光复合膜的制备流程（见正文第99页图4-20）

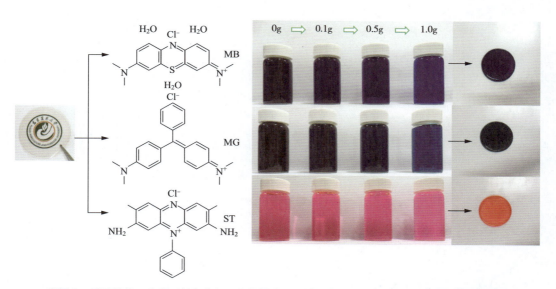

彩图8　亚甲基蓝、孔雀石绿和藏红T的染料分子结构示意图，以及不同海泡石含量复合薄膜
吸附后染料溶液和样品颜色变化（见正文第143页图6-15）